BHOOPENDRA SINGH
AJAY KUMAR RAI
MANISH KUMAR

CULTURA DO PEPINO EM CONDIÇÕES PROTEGIDAS

BHOOPENDRA SINGH
AJAY KUMAR RAI
MANISH KUMAR

CULTURA DO PEPINO EM CONDIÇÕES PROTEGIDAS

Cultivo protegido

ScienciaScripts

Imprint
Any brand names and product names mentioned in this book are subject to trademark, brand or patent protection and are trademarks or registered trademarks of their respective holders. The use of brand names, product names, common names, trade names, product descriptions etc. even without a particular marking in this work is in no way to be construed to mean that such names may be regarded as unrestricted in respect of trademark and brand protection legislation and could thus be used by anyone.

Cover image: www.ingimage.com

This book is a translation from the original published under ISBN 978-620-7-64127-7.

Publisher:
Sciencia Scripts
is a trademark of
Dodo Books Indian Ocean Ltd. and OmniScriptum S.R.L publishing group

120 High Road, East Finchley, London, N2 9ED, United Kingdom
Str. Armeneasca 28/1, office 1, Chisinau MD-2012, Republic of Moldova, Europe
Printed at: see last page
ISBN: 978-620-7-67029-1

ÍNDICE

LISTA DE ABREVIATURAS

%	:	Percentage
°C	:	Degree Celsius
/	:	Per
@	:	At the rate of
ANOVA	:	Analysis of variance
Av	:	Average
CD.	:	Critical Difference
cm	:	Centimeter
Con.	:	Concentration
d.f	:	Degree of freedom
Cv.	:	Cultivar
ESS	:	Error sum of square
i.e.	:	That is
et.al.	:	And others
etc.	:	And the rest
F.cal	:	Calculated value of 'F'
F.tab	:	Table value of 'F'
Fig.	:	Figure
g	:	Gram
ha	:	Hectare
i.e.	:	That is
J.	:	Journal

N	:	Nitrogen
P	:	Phosphorus
K	:	Potassium
kg	:	Kilogram
l	:	Litre
MSS	:	Mean sum of squares
ml	:	Millilitre
No.	:	Number
NS	:	Non-significant
ppm	:	Parts per million
RBD	:	Randomized Block Design
r	:	Replication
SE±	:	Standard error of mean
S	:	Significant
SS.	:	Sum of squares
Sp.	:	Species
wt.	:	Weight
viz	:	Vide licet
t	:	Tonnes
pH	:	Potentiel of Hydrogen

RECONHECIMENTO

Antes de mais, inclino-me perante **"Deus Todo-Poderoso"** para expressar o meu mais profundo sentimento de gratidão pelas suas bênçãos, força, misericórdia e fidelidade que tornaram possível a realização deste empreendimento.

O sucesso é a manifestação de diligência, perseverança, inspiração, motivação e inovações. É com orgulho que tenho o privilégio de expressar um profundo sentimento de gratidão ao meu orientador, **Dr. Devi Singh,** Professor Assistente, Departamento de Horticultura, SHUATS, Prayagraj, Allahabad, cuja ajuda generosa, orientação incansável, supervisão, sugestões e atitude positiva me ajudaram a concluir a tese.

Com um profundo sentimento de gratidão e veneração do fundo do meu coração, expresso as minhas palavras de agradecimento ao Co-orientador do meu comité consultivo, **Prof. (Dr.) V. M. Prasad,** Departamento de Horticultura, SHUATS, pelo seu interesse sustentado, orientação e supervisão constante.

Estou extremamente grato aos membros Prof. **(Dr.) Gautam Ghosh,** Professor e Reitor, Escola de Agricultura de Naini, SHUATS e **Dr. G M. Lal,** Professor Associado, Departamento de Genética e Melhoramento de Plantas, SHUATS por me ajudarem de várias formas e oferecerem sugestões valiosas durante o curso do trabalho de investigação. e também extremamente grato ao **Prof. (Dr.) Thomas Abraham, Presidente,** Comité de Avaliação por me ajudar de várias formas.

Expresso um profundo sentimento de gratidão a todo o pessoal docente do Departamento de Horticultura, **Dr. S. Saravanan, Dr. Vijay Bahadur, Dr. Saket Mishra, Dr. Urfi Fatmi, Dr. Samir Ebson Topno, Dr. Balaji Vikram** e **Sr. Deepanshu** pela sua ajuda persistente e informações valiosas sobre o trabalho.

I am extremely thankful to the **Dr. Himanshu Pathak** Derector, NRRI,Cuttack, **Dr. Dipankan Maiti,** OIC, **Dr. C.V.Singh,** Principle. Scientist, **Dr.Yogesh Tewari, Pr.**Scientist ICAR-NRRI-CRURRS, Hazaribag, **Dr. Awani**

Kumar Singh, Principle Scientist CPCT, Division Of Vegetable Science, IARI New Delhi**, Dr.D.K. Singh** , Professor, Department of Vegetable Science, GBPUA&T Pantnagar and **Dr D.B.Singh** Ex Head,Horticulture & Dean Ag. SUATS, por me terem ajudado de várias formas e dado sugestões valiosas durante o curso e o trabalho de investigação.

Gostaria de agradecer a toda a minha família pelo seu amor, apoio e orações durante todo o período do meu estudo. Aproveito esta oportunidade para olhar para trás, para o caminho percorrido no decurso deste esforço e recordar os rostos que me guiaram nesta tarefa, com o mais profundo sentimento de gratidão para com os meus queridos pais, **Sr. Fateh Singh** e **Sra. Munni Devi.** A minha mulher, **Sra. Rajni Bala, e os meus** irmãos mais novos, Sr. Dharmendra Kumar e Sr. Ravi Kumar, pelo seu afeto puro, inspiração e apoio moral, pelo que dedico este trabalho à minha família como sinal de respeito.

Gostaria também de estender o meu amor e os meus agradecimentos ao meu querido filho, **Aadvik Singh, uma** vez que, sem a sua cooperação, não poderia ter concluído este curso com êxito.

Agradeço sinceramente o trabalho de todos os membros do pessoal não docente pela sua ajuda durante todo o período; gostaria também de agradecer a todos os trabalhadores **Sr. Rajendra, Sr. Chandrika Bhartiya, Sr. Suresh, Sra. Seema, Sr. Ramu e Sr. Ramdhani** por me terem ajudado no meu trabalho.

É, de facto, um prazer deixar registada a minha gratidão aos meus amigos, especialmente ao **Dr. Sanjay Mishra,** ao Sr. **Madhur Kumar,** ao Sr. **Nikhil, ao Sr. Sandeep Singh, ao Sr. Lagmanna R. Kullur, à Sra. Anita Kerketta, ao Sr. Sudhir Singh Jamwal e ao Sr. Manish Kumar**, pela sua incansável ajuda e encorajamento durante o período de trabalho de investigação e, sem a sua ajuda e apoio, não teria conseguido concluir esta tarefa. Gostaria também de estender os meus agradecimentos a todos os bolseiros de doutoramento por me terem ajudado durante todo o período de estudo.

Agradecer a cada uma das pessoas que solicitaram os seus votos para o meu futuro. Por último, mas não menos importante, muitas pessoas ajudaram-me a concluir esta tarefa, mas não as enumero todas, não por falta de gratidão, mas por falta de espaço. A elas devo os meus mais sinceros agradecimentos.

Data: 18.02.2020

Local: Prayagraj

(Bhoopendra Singh)

Capítulo 1

INTRODUÇÃO

O pepino (*Cucumis sativus* L.) é uma das culturas hortícolas mais importantes da família das cucurbitáceas e tem um número cromossómico 2n = 14. Como cultura hortícola, o pepino partenocárpico tem grande importância económica. Os frutos imaturos do pepino são utilizados como salada e para fazer pickles, pahari rayata e salmoura à escala comercial (Bairagi 2013). A porção comestível do fruto contém cerca de 93-95 % de água e fornece vitaminas, potássio, sódio, magnésio, enxofre, silício, fluoretos, etc. em boa quantidade. Os minerais de formação alcalina no pepino representam 64,05 % e os minerais de formação ácida são cerca de 35,95 %. Isto torna-o útil para manter a alcalinidade do sangue humano. É uma cultura de salada com baixo teor energético e elevado teor de água. Contém 0,6 g de proteínas, 2,6 g de hidratos de carbono, 12 cal de energia, 18 mg de Ca, 0,02 mg de tiamina, 0,2 mg de Fe, 0,02 mg de riboflavina, 0,01 mg de niacina e 10 mg de vitamina C por 100 g de porção comestível (Rashid 1999). É a principal fonte de vitaminas e minerais (AVRDC, 1999). A produção mundial de pepino é de 71,36 milhões de toneladas (FAOSTAT 2014) e é cultivado comercialmente em países como a China, a Índia, a Turquia, o Irão, o Japão, a Europa e os Estados Unidos. No mundo, mais de 55 países adoptaram a tecnologia de cultivo protegido; a China tem a maior área de 2,7 mha sob cultivo protegido Kacira (2011). A primeira exposição da Índia à alta tecnologia de cultivo protegido de legumes e outras culturas hortícolas de elevado valor foi realizada através do Projeto Indo-Israel de cultivo em estufa, iniciado no Instituto Indiano de Investigação Agrícola (IARI) de Nova Deli em 1998, atualmente conhecido como Centro de Tecnologia de Cultivo Protegido de Pusa, Nova Deli.

A área total de cultivo protegido na Índia é de aproximadamente 30.000 ha. contribui com 0,23% da área total sob o cultivo de culturas hortícolas na Índia e de 11th plano de cinco anos (Shweta et al.2014). O pepino é um vegetal semi-tropical e cresce melhor em condições de estufa. Sob condições favoráveis e condições ambientais e nutricionais estáveis, quando os insectos e as pragas estão sob controlo, a planta cresce rapidamente e produz muito. A temperatura óptima para um melhor desenvolvimento dos frutos é de 14-20^0 C. O pepino requer um clima ameno e, como tal, dá-se bem em condições de estufa.

A área total de cultivo de pepino na Índia é de 78.000 hectares, com uma produção anual de 11,42 lakh MT (National Horticulture Board 2016-17). As principais áreas de cultivo de pepino são os leitos dos rios Yamuna, Ganges e Narmada no Norte e Kaveri, Krishna e Godavari no Sul (Singh1998). Esta cultura hortícola está a ganhar importância no cultivo devido ao maior rendimento e rendimento num curto período. Em várias partes do país, especialmente nas planícies do norte, o solo é altamente fértil, mas as temperaturas extremas, que variam de 0-48^0 C durante o ano, não permitem o cultivo de pepino ao ar livre durante todo o ano. Do mesmo modo, em várias partes do país, as tensões bióticas não permitem o cultivo bem sucedido de pepinos ao ar livre. Na parte superior dos Himalaias, prevalecem condições frias de sobremesa, com temperaturas extremamente baixas, entre -5 e 30^0 C, durante o inverno, e a maior parte da região fica isolada do resto do país de novembro a março devido a fortes nevões. Por conseguinte, é muito difícil cultivar legumes como o pepino neste tipo de clima. A produção de legumes em estufa utiliza os recentes avanços tecnológicos para controlar o ambiente, maximizar a produtividade das culturas por unidade de área e aumentar a qualidade da produção de legumes (*Singh* 2005). As estufas protegem as culturas de condições adversas como o excesso de radiação solar, temperaturas extremas, chuva, pragas e doenças. Também aumentou a produtividade e melhorou a qualidade dos produtos devido ao aumento da taxa fotossintética e a uma melhor gestão. Um dos principais factores que afectam a produtividade das culturas em estufa é a população de plantas, os nutrientes inadequados que conduzem também a frutos disformes e os métodos de cultivo, que são principalmente regidos pela arquitetura das plantas. A técnica de produção de produtos hortícolas em estufa realça a necessidade de uma densidade adequada de plantas, a fim de aumentar a produção por unidade de área com produtos de boa qualidade, utilizando o espaço disponível e os nutrientes aplicados.

As cultivares de pepino partenocárpico aumentam o potencial de produção de uma elevada carga de frutos em ambientes controlados, resultando num elevado índice de colheita. As plantas que apresentam um índice de colheita elevado utilizam de forma mais eficiente a área de cultivo limitada em condições de estufa. A procura de pepino está a aumentar ao longo do ano, não podendo ser satisfeita através do cultivo em campo aberto. No entanto, existe um grande potencial de pepino e a possibilidade de cultivar três culturas por ano, o que, por sua vez, pode aumentar a produção e a produtividade muitas vezes para satisfazer a procura interna e a exportação. A tecnologia de produção em campo aberto está disponível a nível regional, mas a informação sobre as tecnologias de produção em condições protegidas no contexto indiano é muito limitada e apenas existem poucos relatórios disponíveis sobre a tecnologia de produção de pepino em cultivo protegido. Não existe um pacote completo de água, nutrientes essenciais e métodos de cultivo para estruturas protegidas. As variedades híbridas de pepino são predominantemente utilizadas no sistema de produção de muitos países desenvolvidos e em desenvolvimento. A proporção de variedades híbridas está a aumentar continuamente, pelo que os híbridos ginóicos para cultivo em campo aberto e os pepinos partenocárpicos para cultivo em estufa são importantes para o cultivo comercial. A herança sexual desempenha um papel importante no melhoramento de híbridos de pepino. Vários investigadores trabalharam na expressão sexual de pepinos e referiram que era geneticamente determinada mas que podia ser modificada pela aplicação de substâncias de crescimento e também por factores ambientais (Krishnamoorthy, 1975; Lower e Edwards,1986; Kalloo,1988).

A tecnologia de produção de pepino em estufa enfatiza a necessidade de uma densidade de plantas adequada, a fim de aumentar a produção por unidade de área, utilizando o espaço disponível e os nutrientes aplicados. É necessário avaliar a densidade ideal de plantas para o cultivo protegido em estufa em várias regiões. Um sistema de formação adequado não só facilitará uma melhor gestão e uma luz uniforme para as plantas, como também permitirá uma plantação mais próxima, um amadurecimento precoce dos frutos, uma maior produção de frutos de tamanho comercializável e uma maior produção de boa qualidade. (Lal et.al.2014). A tecnologia de produção, como o espaçamento, a época de plantação, a gestão da água e dos nutrientes e a proteção das plantas, permite obter um rendimento económico de boa qualidade. Por exemplo, (Singh *et al.*2005) sugeriram que as cultivares de pepino Hasan e Sarin são ideais para o inverno, o verão e a estação das chuvas, enquanto Muhasan, Isatis, Dinar, Nun 9729, Nun 3019, Kian, PPC-3, PPC-2 e Hilton são cultivadas com sucesso na estação do inverno. Recomendaram também que o espaçamento de 60 cm entre linhas e 40 cm entre plantas é o ideal para o cultivo de pepino em condições de estufa.

A aplicação de fertilizantes é uma componente essencial da cultura protegida, sendo os fertilizantes combinados com a irrigação um dos meios mais eficazes e convenientes para fornecer nutrientes e água às plantas de acordo com as necessidades específicas da cultura, sempre que necessário, reduzindo o custo de produção e diminuindo também a poluição das águas subterrâneas, que causa perturbações ecológicas e riscos para a saúde devido à lixiviação dos fertilizantes e à acumulação de nitratos. Assim, a utilização da fertirrigação poderá revelar-se uma verdadeira bênção para a agricultura indiana e abrir caminho a uma nova revolução verde, proporcionando o apoio necessário para impulsionar a horticultura e as exportações agrícolas.

Assim, a presente investigação intitulada **"Estudo sobre a geometria da planta, cultivar e doses de fertilizante no crescimento, rendimento e qualidade do pepino (*Cucumis sativus*) em condições protegidas"** foi realizada no Departamento de Horticultura da Universidade Sam Higginbottom de Agricultura, Tecnologia e Ciência, Prayagraj (Allahabad) U.P durante o ano de 2017-2019 com os seguintes objectivos-

❖ Identificar a variedade adequada de pepino partenocárpico em condi ções de proteção

❖ Para descobrir a dose mais adequada de fertilizantes no crescimento , rendimento e qualidade do pepino em condições protegidas

❖ Normalizar o espaçamento do crescimento das plantas, o rendiment o e a qualidade do pepino em condições protegidas

❖ Estudar a economia dos tratamentos relacionados com a tecnologia de produção de pepino em condições protegidas

Capítulo 2

REVISÃO DA LITERATURA

Neste capítulo, toda a revisão da literatura disponível e relevante relativa ao *"Estudo da geometria da planta, cultivar e doses de fertilizante no crescimento, rendimento e qualidade do pepino (Cucumis sativus L.) em condições protegidas"* foi revista e apresentada sob os seguintes objectos

> ➤ Efeito do cultivo protegido no crescimento, rendimento e qualidade do pepino
>
> ➤ Efeito da cultivar no crescimento, rendimento e qualidade do pepino
>
> ➤ Efeito da geometria da planta no crescimento, rendimento e qualidade do pepino
>
> ➤ Efeito de doses de fertilizante no crescimento, rendimento e qualidade do **pepino**
>
> ➤ Economia de diferentes tratamentos com base no crescimento, rendimento e qualidade do pepino

2.1 Efeito do cultivo protegido no crescimento, rendimento e qualidade

El-Aidy *et al.* (1983) referiram que a sombra tem um efeito benéfico em relação à ausência de sombra em climas quentes e húmidos, o que aumenta o número de flores por planta, a frutificação e o rendimento, sugerindo que 40% de sombra era ótimo, com um aumento para 50% ou 60% de sombra, o que geralmente diminui o crescimento das plantas e o rendimento total.

Hawa *et al.* (1992) revelaram que a produção de culturas em estufas com ventilação natural nas regiões tropicais é necessária para substituir a produção improdutiva de culturas em campo aberto. A estrutura protege a cultura contra os danos provocados pelo stress ambiental, a elevada precipitação, o vento forte, a radiação solar extrema, o crescimento de ervas daninhas, insectos e doenças. Além disso, a estrutura cria um microclima interno favorável às necessidades fisiológicas e agronómicas da cultura. Os parâmetros importantes da estrutura que proporcionam às culturas um melhor crescimento, um elevado rendimento e qualidade são a temperatura, a intensidade da luz, a humidade, o nível de oxigénio, a concentração de dióxido de carbono, a taxa de ventilação, as necessidades de água das culturas e os fertilizantes.

Russo (1993) relatou que o sombreamento aumentou o peso seco dos rebentos e apresentou um efeito de interação com a data de plantação e a cultivar.

El-Gizawy *et al.* (1993) referiram que o número de dias decorridos entre a sementeira e a floração aumentava à medida que a intensidade de sombreamento aumentava, enquanto o número de flores por planta diminuía em todas as taxas de sombreamento, em comparação com a luz solar plena. O sombreamento aumentou significativamente o número de frutos por planta e o rendimento total, tendo o rendimento mais elevado sido obtido com 32% de sombreamento.

Sharma e Tiwari (1993) atribuíram que a altura da planta, a temperatura do solo, a intensidade luminosa, a frutificação, os dias de colheita, o número e o peso dos frutos por planta e o peso e o diâmetro dos frutos foram significativamente influenciados pelo sombreamento.

El-Gizawy *et al.* (1993) referiram que a sombra aumentou significativamente o número de frutos/planta e o rendimento total da planta e também melhorou as características físicas dos frutos, *nomeadamente* o peso, o comprimento, o diâmetro e o volume dos frutos obtidos de plantas cultivadas com 35% de sombra. A acidez titulável dos frutos aumentou e os sólidos solúveis e o teor de ácido ascórbico dos frutos diminuíram com o aumento da sombra.

Borowski (1994) verificou que, nas plantas de tomate, a biomassa e a produção de frutos diminuíam acentuadamente, independentemente da forma de azoto aplicada. Franscescangeli *et al.* (1994) referiram que todos os tratamentos de sombreamento experimentados reduziram as temperaturas do ar, das folhas e do solo em comparação com o controlo (estufa sem sombreamento), mas também reduziram a transmissão da luz de 81% no controlo para 27, 31 e 47% nos tratamentos. A transmissão de luz e o rendimento estavam altamente correlacionados e o rendimento foi reduzido por todos os tratamentos experimentados.

El-Abd *et al.* (1994) afirmaram que o sombreamento reduziu as temperaturas máxima e média do ar e do solo e a intensidade da luz, mas aumentou a humidade relativa. A percentagem de sobrevivência, a altura das plantas e a área foliar aumentaram com o aumento da intensidade da sombra, mas o número de folhas e a taxa de transpiração diminuíram razoavelmente.

Nasiruddin *et al.* (1995) referiram que a altura das plantas aumentava com o aumento do período de sombreamento e que as diferenças varietais também eram significativas.

Nasiruddin *et al.* (1995) referiram que o sombreamento atrasou a floração em todos os tratamentos, mas de forma insignificante apenas no sombreamento parcial em comparação com a exposição total à luz solar nas variedades de tomate Roma e Marglobe.

Yanagi *et al.* (1995) registaram que as plantas de tomate expostas a 0, 50 e 70 por cento de sombreamento durante o verão apresentaram uma diminuição do peso médio dos frutos ao longo da ordem de frutificação com o aumento do sombreamento

Nasiruddin *et al.* (1995) afirmaram que a produção de frutos diminuiu significativamente com o prolongamento do período de sombreamento e o SST diminuiu gradualmente com o aumento do período de sombreamento, enquanto o ácido ascórbico diminuiu consideravelmente.

Rubeiz e Freiwat (1995) referiram que as plantas de tomate cultivadas com cobertura vegetal de polietileno preto registaram rendimentos totais e precoces mais elevados do que sob coberturas flutuantes.

Yanagi *et al.* (1995) referiram que, nas culturas de verão e de outono, os açúcares redutores dos frutos e o ácido ascórbico diminuíam significativamente com o aumento do sombreamento, enquanto o ácido cítrico aumentava.

Kook *et al.* **(1998)** revelaram que 30 por cento de sombreamento aumentou o rendimento e a qualidade dos frutos comercializáveis em comparação com outros tratamentos no tomate.

Kook *et al.* **(1998)** observaram que, no tomate, o sombreamento reduziu a temperatura do ar e das folhas no interior da estufa. Numa experiência com quatro cultivares de pimentão cultivadas a 100, 70 ou 35% da intensidade da luz natural, a taxa fotossintética líquida foi mais elevada e a taxa respiratória foi a mais baixa com 70% de intensidade da luz.

Aldazabal Romero *et al.* **(1999)** verificaram que os tratamentos de sombra atrasaram a floração quando comparados com plantas cultivadas a plena luz solar no tomateiro.

Hamamota *et al.* **(1999)** investigaram o crescimento, a fotossíntese e o padrão de distribuição de[14] assimilados de C em plantas de tomate cultivadas em condições de sombreamento e relataram que o número de folhas e treliças de flores foi reduzido em cerca de 30-40 por cento da água. Os efeitos de três níveis de irradiância (25, 60 e 100 por cento da luz solar plena) no tomateiro mostraram que o sombreamento aumentou a condutância estomática, a altura da planta e a concentração interna de CO_2 . As plantas na fase de floração irradiadas com 60% da luz solar total registaram um aumento da taxa fotossintética líquida, da produção total de matéria seca e do rendimento.

Zhao *et al.* **(2002)** verificaram que o sombreamento nas fases inicial e de pico da floração reduzia a taxa fotossintética do meio-dia no tomateiro.

Cheema *et al.* **(2004)** estudaram a produção de tomate fora de época em condições de estufa na Universidade Agrícola de Punjab, Ludhiana (Índia). Os resultados revelaram que a disponibilidade de frutos de tomate se estendia da última semana de janeiro à primeira semana de junho através do cultivo em estufa. Estes estudos ofereceram a possibilidade de produção de tomate fora de época e de aumento do período de disponibilidade de frutos através da utilização de métodos não químicos de gestão de pragas.

Singh *et al.* (2005) referiram que *a rede* de nylon reduziu a incidência do vírus do enrolamento das folhas e melhorou o rendimento do pimentão.

Kavitha *et al.* (2005) afirmaram que, no tomate, os parâmetros fisiológicos, *nomeadamente o* teor de clorofila total e o coeficiente de reflexão da luz, aumentaram com o aumento do nível de fertirrigação em condições de sombreamento de 35%, em comparação com as condições ao ar livre.

Singh e Sirohi (2006) referiram que as casas de rede à prova de insectos podem ser utilizadas para o cultivo sem vírus de malagueta, tomate, pimentão e outros produtos hortícolas, principalmente durante a estação kharif. Estas estruturas de proteção de baixo consumo são também adequadas para a produção de produtos hortícolas sem resíduos de pesticidas. As estufas de baixo custo podem ser utilizadas para o cultivo de produtos hortícolas de qualidade e de elevado valor durante um longo período de tempo, principalmente em zonas periurbanas, a fim de obter um preço de produção proporcional.

Singh *et al.* (2006) referiram que as estruturas protegidas cobertas com uma rede à prova de insectos proporcionam uma grande oportunidade para o cultivo de produtos hortícolas isentos de vírus, mesmo em escala comercial, nas regiões do país onde o stress biótico durante a estação das chuvas e após as chuvas impede o cultivo de produtos hortícolas.

Singh e Tomar (2007) referiram que a produção de produtos hortícolas isentos de vírus pode ser feita com recurso a uma rede à prova de insectos no norte da Índia, quando os aguaceiros pré-monção aumentam a infeção do vírus, provocando danos nas culturas.

Singh *et al.* (2009) relataram a produção de sementes de alta qualidade das linhas parentais da abóbora Pusa híbrida-1 em condições de estufa à prova de insectos e compararam com condições de campo aberto e observaram diferenças significativas nos atributos de desenvolvimento dos frutos, produção de sementes e atributos de qualidade nas linhas parentais femininas e masculinas em condições de estufa à prova de insectos.

Nerson (2009) estudou os efeitos da época de cultivo e da cultivar na produção de sementes e na qualidade de melões cultivados em estufa. Seis variedades de melão de polinização aberta de diferentes tipos de mercado foram cultivadas numa estufa parcialmente controlada durante as quatro estações do ano, para observar a sua produção e qualidade de sementes. Foi observada uma forte correlação positiva entre a produção de sementes por planta e a produção de frutos, ambas mais elevadas no khariff e mais baixas no verão e no inverno.

Medany *et al.* **(2009)** estudaram o efeito de redes pretas e brancas à prova de insectos como cobertura em estufas, substituindo a folha de polietileno, a fim de minimizar o custo do material de envidraçamento em pimento doce. Os resultados obtidos indicam que a estufa com rede preta deu significativamente o maior rendimento inicial, enquanto a estufa com rede branca deu significativamente as maiores folhas por planta, índice de área foliar e altura da planta e rendimento total em comparação com as outras estufas.

Pervej *et al.* **(2010)** estudaram o comportamento fenológico do tomate em condições de estufa e concluíram que a maturidade dos frutos em plantas de estufa foi antecipada em 5 dias em comparação com a cultura cultivada em condições de campo aberto. As plantas cultivadas em estufa tinham maior número de flores/planta, flores/cluster, número de clusters de flores/planta, clusters de frutos/planta, frutos/planta, comprimento do fruto, diâmetro do fruto, peso do fruto, peso do fruto/planta e rendimento total da planta do que em condições de campo aberto.

Flemine (2010) avaliou a produção de sementes híbridas de abóbora em condições de casa de rede à prova de insectos e em campo aberto e relatou que, para obter melhor crescimento, boa floração, frutificação, desenvolvimento de frutos, maior rendimento de sementes, atributos de alta qualidade de sementes e mais retornos líquidos por unidade de área, a produção de sementes híbridas deve ser realizada em condições de casa de rede à prova de insectos.

Singh *et al* **(2011)** avaliaram a produção de sementes híbridas de cabaça amarga em condições de campo aberto e em casa de rede à prova de insectos, tendo demonstrado que a produção viável de sementes híbridas pode ser organizada em casa de rede à prova de insectos para obter melhores rendimentos económicos através de um maior rendimento das sementes e de uma melhor gestão das culturas.

Bihari *et al* **(2012) comparou** a produção de sementes híbridas de alta qualidade de abóbora de verão em condições de estufa à prova de insectos com condições de campo aberto e relatou a diferença significativa para atributos de desenvolvimento de frutos, atributos de rendimento de sementes e atributos de qualidade de sementes em condições de estufa à prova de insectos.

Singh et. al (2017) De um modo geral, o rendimento e a qualidade da produção de produtos hortícolas em diferentes meios de cultura sob estruturas de proteção revelaram uma enorme melhoria, que não é possível em condições de campo aberto. Além disso, as estruturas de proteção permitem o cultivo de produtos hortícolas fora de época, quando acompanhadas de medidas de controlo do microclima. No presente estudo, procurou-se analisar os factores dinâmicos que afectam o desempenho da cultura do pepino em estufa.

Rolaniya et.al (2018) Os resultados indicaram variação significativa em todos os atributos de crescimento vegetativo e parâmetros de rendimento em diferentes irrigações por gotejamento e coberturas. O número máximo de ramos por videira, comprimento da videira, número de folhas por videira e área foliar foram registados com 1,0 ETc em comparação com outros tratamentos de irrigação por gotejamento aos 60, 90 DAT e colheita.

2.2 Efeito das doses de fertilizantes no crescimento, rendimento e qualidade

Parikh e Chandra (1969) relataram que o pepino cv. Long Green produziu o número máximo e mínimo de flores femininas e masculinas, respetivamente, quando o azoto foi aplicado a 80 kg ha^{-1} . No entanto, uma taxa de azoto mais elevada (120 kg ha^{-1}) atrasou o aparecimento das primeiras flores femininas.

Pandey e Singh (1973) relataram que a cv. Pusa Summer Prolific Long de cabaça de garrafa resultou em maiores rendimentos de frutos e números de frutos com N a 100 kg ha^{-1} .

Srinivas e Doijode (1984) relataram que, no melão almiscarado, a aplicação de 155 kg de N e 55 kg cada de P e K por hectare produziu o número máximo de flores femininas. Houve um aumento significativo no número de flores femininas com a aplicação de 50: 60: 60 kg de NPK ha^{-1} .

Papadopoulos (1986) revelou que o maior rendimento em pepino cultivado em estufa foi obtido com 11,8 mmol N L^{-1} (31,5 g N planta^{-1}) devido ao aumento do número de frutos. 11,8 mmol N L^{-1} aplicados em cada irrigação através do fluxo de irrigação é adequado para cobrir as necessidades do pepino cultivado em estufa para um alto rendimento (9,42 kg planta^{-1}) durante um período de colheita de 93 dias.

Singh e Chhonkar (1986) referiram que, nas condições de Varanasi,, , a aplicação de 100 kg de N, 60 kg de P O_{25} e 60 kg de K_2O por hectare em melão almiscarado resultou num aumento do comprimento da trepadeira principal.

Das *et al.* (1987) relataram que, na cabaça pontiaguda, a aplicação de 90 kg de N e 60 kg de P por ha aumentou significativamente o número de frutos por videira, o comprimento dos frutos, o diâmetro dos frutos, o peso dos frutos e o rendimento total (142 q ha^{-1}) em relação ao controlo (59,3 q ha^{-1}). A aplicação de fósforo e potássio a 80 kg ha cada^{-1} tendeu a aumentar o número de frutos por videira, o comprimento dos frutos e a produção.

Rubeiz e Maluf (1989) estudaram o efeito de culturas intensivas em estufas na região semiárida da costa libanesa do Mar Mediterrâneo sobre a salinidade do solo e as necessidades de fertilizantes azotados do pepino. Os resultados foram os seguintes: NO_3 -N = 225 ppm, NH_4 -N = 56 ppm, pH = 7,0 e salinidade (ECe) = 2,5 dS m^{-1} . A produção total de frutos nas primeiras 8 semanas de colheita foi de 71,4, 63,4 e 60,2 toneladas por ha para as parcelas que receberam 0, 81 e 162 kg N ha^{-1} , respetivamente. A salinidade do solo é suficiente para causar uma redução no rendimento de muitas culturas em estufa. Em contraste, o N mineral do solo é suficiente para satisfazer as necessidades de N durante uma estação inteira para muitas culturas anuais.

Janse (1990) relatou que o sombreamento reduziu a percentagem de frutos com coloração irregular de 13 para 6 e aumentou o tempo de conservação de 4 para 6 dias no tomate. A percentagem de frutos com ombros verdes ou amarelos e rachaduras em forma de estrela foi altamente reduzida à medida que o grau de sombreamento aumentou.

Gizawy *et al.* (1993) opinaram que o sombreamento aumentou significativamente o número de frutos/planta e o rendimento total e também melhorou as características físicas dos frutos, *nomeadamente* o peso de teste, o comprimento, o diâmetro e o volume dos frutos obtidos de plantas cultivadas com 35% de sombreamento. A acidez titulável dos frutos aumentou e os sólidos solúveis e o teor de ácido ascórbico dos frutos diminuíram com o aumento da sombra.

Rubeiz (1990) estudou a resposta do pepino de estufa aos fertilizantes minerais num solo com elevado teor de potássio e fósforo. Os resultados revelaram que a produção de frutos durante os dois meses de colheita foi mais elevada nas plantas que receberam apenas N, que produziram 57 t ha^{-1} . Os rendimentos das parcelas que receberam N+K, N+P+K e o controlo foram de 55,0, 54,0 e 39,5 t ha^{-1} , respetivamente.

Benzioni et al. (1991) relataram que *a Cucumis metuliferous* semeada em meados de março frutificou em meados de maio e deu um maior rendimento de frutos de qualidade para exportação do que as plantas semeadas em meados de abril, que frutificaram normalmente mas produziram uma grande proporção de frutos pequenos (<200 g).

O ensaio de campo conduzido durante o final do verão para estudar o efeito do sombreamento (0, 35, 50 ou 63 por cento) no tomate revelou que o sombreamento aumentou a altura da planta e a área foliar, mas reduziu o número de folhas e o peso seco, tendo o sombreamento aumentado o peso seco dos rebentos e apresentado um efeito de interação com a data de plantação e a cultivar.

Papadopoulos (1993) sugeriu que os fertilizantes utilizados corretamente com o sistema de irrigação por gotejamento poderiam ajudar a aumentar o rendimento das culturas e melhorar a qualidade numa base sustentável e sem degradação. O aumento da eficiência da utilização da água e dos fertilizantes, com a tecnologia de fertirrigação, é particularmente importante.

Trimble e Knowles (1995) relataram que o desenvolvimento das folhas e do caule principal, o número de frutos por planta e o índice de colheita foram melhorados com o aumento dos níveis de P (90 a 720 mg P planta^{-1} semana^{-1}) em pepino de estufa.

Patil *et al.* (1996) relataram que a aplicação de 150 kg de N, 50 kg de P e K ha^{-1} produziu o comprimento máximo da videira (563,7 cm, 463,1 cm e 464,0 cm, respetivamente) e a aplicação de 150 kg de N, 50 kg de P e 100 kg de K ha^{-1} produziu o número máximo de flores femininas por videira (24,4, 21,5 e 22,7, respetivamente) na cabaça.

Goswamy e Sharma (1997) referiram que a aplicação de P a 60 kg ha^{-1} e de K a 75 kg ha^{-1} influenciou significativamente o número de frutos por videira, o comprimento dos frutos, o diâmetro dos frutos, o peso dos frutos e a produção de cabaça.

Premalakshmi *et al.* (1997) referiram que a aplicação de 150 kg de N e 100 kg de P por hectare registou um comprimento da videira, um número de ramos por videira e um número de folhas por videira significativamente mais elevados no cornichão. A aplicação de azoto a 125 kg ha^{-1} deu o maior comprimento de videira, número de ramos por videira e flores masculinas por videira no pepino.

Kook *et al.* **(1998)** observaram que, no tomate, o sombreamento reduziu a temperatura do ar e das folhas no interior da estufa. Numa experiência com quatro cultivares de pimentão cultivadas a 100, 70 ou 35% da intensidade da luz natural, a taxa fotossintética líquida foi mais elevada e a taxa respiratória foi a mais baixa sob 70% de intensidade da luz.

Patil *et al.* **(1998)** relataram que a aplicação de 150:50:50 kg de N:P:K por hectare produziu significativamente maior comprimento de videira, número de ramos por videira e flor masculina mais cedo (35,25 dias) em pepino cv. Himangi.

Romero *et al.* **(1999)** verificaram que os tratamentos de sombra atrasaram a floração quando comparados com plantas cultivadas a plena luz solar no tomateiro. Zhao *et al.* (2002) verificaram que o sombreamento nas fases inicial e de pico da floração reduzia a taxa fotossintética do meio-dia no tomateiro.

Altunlu e Gul (1999) investigaram os efeitos de diferentes quantidades de nutrientes azoto e potássio nas qualidades pós-colheita do pepino. Os frutos de pepino cv. Alara cultivados em meio de perlite sob 9 doses diferentes de nutrientes contendo N e K em combinações de 100, 200 ou 300 ppm foram utilizados. Os pepinos colhidos foram embalados em sacos de polietileno perfurados de 2 kg e armazenados a $13\pm1°C$ e 85-90% de humidade relativa. Durante o armazenamento, as alterações na cor dos frutos e a perda de peso dos frutos foram determinadas em intervalos de três dias. Concluiu-se que a aplicação combinada de um máximo de 200 ppm de N e 200-300 ppm de K na solução nutritiva pode ser responsável pelo aumento do prazo de validade do pepino.

Kano (2000) revelou que a percentagem de frutos amargos era mais elevada no pepino da linha amarga do que na linha não amarga. O crescimento vegetativo foi mais vigoroso no tipo amargo do que no tipo não amargo. Os níveis de azoto foliar total e de aminoácidos foram mais elevados na linha amarga do que na linha não amarga, mas o nível de iões nitrato foi mais baixo na primeira do que na segunda. Níveis elevados de azoto total e de aminoácidos na folha induzem o amargor nas folhas e nos frutos, aumentando o metabolismo do azoto, o que, por sua vez, favorece a síntese enzimática da cucurbitacina C, o fator amargo.

Ayodele *et al* **(2002)** estudaram a influência da fertilização azotada no rendimento de espécies de *Amaranthus*. Os resultados mostraram que o número de folhas produzidas, a altura da planta, o peso fresco e seco das partes da planta aumentaram com o aumento da taxa de fertilizante azotado. A aplicação de 200 kg N ha^{-1} aumentou a produção de folhas em 75 por cento e 60 por cento em *A. hybridus* e *A. hypochondriacus*, respetivamente, em comparação com o controlo. Enquanto 114 por cento e 120 por cento de aumento na produção de porção comestível no estágio vegetativo foram observados em *A.hypochondriacus* e *A.hybridus* tratados com 200 kg ha^{-1} respetivamente. As plantas não fertilizadas também tinham uma coloração verde amarelada em comparação com a cor verde mais brilhante observada nas plantas fertilizadas.

Babik e Elkner (2002) referiram que taxas mais elevadas de azoto de 400 e 600 kg N/ha aumentaram o peso da planta e o rendimento total dos brócolos, bem como aceleraram a formação da cabeça e o tempo de colheita. Sob a influência da irrigação e de uma maior nutrição azotada, as cabeças dos brócolos tinham uma cor verde mais atraente.

Choudhary e More (2002) estudaram o efeito da fertirrigação no híbrido tropical ginóico de pepino - Phule Prachi. Os resultados revelaram que o número máximo de frutos da videira^{-1} (14,1), o peso do fruto (180 g), o rendimento da planta^{-1} (2,538 kg) e o rendimento ha^{-1} (49,039 t) foram registados quando 150: 90: 90 kg NPK ha^{-1} foi aplicado através de fertirrigação. Significativamente o maior rendimento de 49,039 t ha^{-1} foi registrado neste tratamento que o nível de rendimento foi 81,2 por cento maior do que o controle. A aplicação de fertilizantes através da irrigação por gotejamento foi considerada mais eficiente do que a aplicação de fertilizantes sólidos, sob o método de irrigação por gotejamento e sulco. Entre os três fertilizantes sólidos (100:75:75, 150:100:100, 200:125:125 kg NPK ha^{-1}) o comprimento máximo da videira (205 cm), diâmetro do fruto (3,9 cm), peso do fruto (237,3 g), número de frutos da videira^{-1}

(13.4), rendimento da videira^{-1} (3,19 kg) e rendimento ha^{-1} (33,06 t), e o teor máximo de nutrientes na cultura e o mínimo de resíduos de nutrientes no solo após a colheita foram registados quando foi aplicado 200:125:125 kg NPK ha^{-1} .

Guler e Ibrikci (2002) relataram que plantas de pepino irrigadas por gotejamento deram uma maior produtividade (78 t ha^{-1}) quando comparadas com plantas irrigadas por sulco (72 ton ha^{-1}). No entanto, a produtividade inicial (7,8 t ha^{-1}) foi maior com a irrigação por sulco. Independentemente da irrigação, 200 ppm de azoto produziu o maior rendimento (89,3 t/ha). Embora tenha havido uma diferença significativa entre os tratamentos de irrigação para o número total de frutos por planta, não houve efeito significativo no peso médio dos frutos. O nível de azoto teve efeitos significativos tanto no número total de frutos como no peso médio dos frutos, ambos aumentados com o aumento do nível de azoto. Enquanto o diâmetro do caule não foi afetado nem pela irrigação nem pelo tratamento com azoto, o comprimento da raiz foi afetado pelo tratamento de irrigação.

Xiaolei e Zhifeng (2004) referiram que, em pepino de estufa, quando o número de folhas mantidas era inferior a 13 por planta, o índice de área foliar (LAI) era inferior a 3. Neste caso, embora a taxa fotossintética média de uma única folha fosse elevada, a taxa de assimilação de toda a planta era baixa, o que conduzia ao abortamento dos frutos e a um menor rendimento. No entanto, quando o número de folhas se manteve superior a 16, o LAI foi superior a 3,5, o que também resultou numa baixa taxa de assimilação para toda a planta e numa menor produção. Concluiu-se que as videiras com 13-16 folhas cada uma, com um IAF entre 3-3,5, captam mais radiação solar e mantêm uma taxa de assimilação óptima para toda a planta, o que resulta num rendimento mais elevado.

Kavitha et.al. (2005) relataram que os componentes de rendimento como número de frutos por planta, peso do fruto e diâmetro polar foram os mais altos com 100% de fertilizante solúvel em água sob sombra. O maior rendimento por parcela (189,6, 208,4 e 203,7 kg) e por hectare (99,8, 109,5 e 106,7 toneladas) durante as estações I, II e III, respetivamente, foi observado no tratamento com fertilizantes solúveis em água sob condições de sombra.

Al-Jaloud *et al.* **(2006)** realizaram uma experiência sobre o efeito de diferentes níveis de azoto, fósforo e potássio no rendimento do pepino em estufa. Os resultados revelaram que, na experiência com N, o rendimento mais elevado (49,5 t ha^{-1}) foi obtido com 150 ppm de N, 70 ppm de P O_{25} e 200 ppm de K_2 O (em comparação com 125, 175 e 200 ppm de N). Na experiência de P, 60 ppm de P O_{25} com 200 ppm de N e 200 ppm de K_2 O deu o melhor rendimento (42,0 t ha^{-1}) em comparação com 40, 50 e 70 ppm de P. Na experiência de K, o maior rendimento (33,2 t ha^{-1}) foi obtido quando K_2 O foi aplicado a 200 ppm com 200 ppm de N e 70 ppm de P O_{25} (em comparação com 140, 160, 180 ppm de K). Os níveis de potássio aumentaram o rendimento linearmente, indicando que níveis mais elevados de K podem ainda aumentar o rendimento total, enquanto o N e o P mostraram uma curva de resposta e uma interação típicas dos nutrientes.

Al-Wabel *et al.* **(2006)** referiram que o rendimento mais elevado foi de 33,74 t ha^{-1} com N_3 (180 mg L^{-1}) e o mais baixo de 7,73 t ha^{-1} com o tratamento de controlo. A aplicação de nutrientes através da fertirrigação revelou-se mais eficaz do que o método convencional (aplicação no solo) para melhorar a produção de pepino em estufa.

De Pascale *et al.* **(2006)** opinaram que o aumento da fertilização azotada de 0 para 200 kg N ha^{-1} resultou numa melhoria do rendimento e da qualidade dos frutos do tomate.

Guler *et al.* **(2006)** investigaram o efeito das concentrações de nitrogênio (0-100-150-200-250 mg N L^{-1}) e suas frequências de aplicação (uma e duas vezes por semana) no rendimento de pepino fertirrigado por gotejamento em condições de estufa. Os resultados mostraram que o maior rendimento (75,2 t /ha) foi obtido com a aplicação de nitrogênio de 200 mg N L^{-1} duas vezes por semana. Independentemente da frequência de aplicação, o rendimento total mais elevado (71,2 t ha^{-1}) foi obtido com uma concentração de azoto de 200 mg N L^{-1} . A aplicação de azoto duas vezes por semana resultou num maior rendimento precoce em comparação com a aplicação uma vez por semana. O número mais elevado de frutos (59,4 frutos m^{-2}) foi obtido com uma concentração de azoto de 200 mg N L^{-1} .

Suojala *et al.* (2006) referiram que a fertilização com azoto de 120-140 kg ha^{-1} é normalmente suficiente para produzir um rendimento elevado de pepino em conserva. Em anos com condições de crescimento óptimas, uma dose mais elevada de azoto pode aumentar o rendimento em 5-10 por cento. O azoto e o potássio são recomendados para a fertirrigação, enquanto outros nutrientes podem ser aplicados na pré-plantação. A absorção média de nutrientes na produção de 71-75 t ha^{-1} foi de 88-106:21-25:157-163 kg ha^{-1} de N: P: K em 2001-2003, respetivamente.

Beyaert *et al.* (2007) revelaram que a irrigação por gotejamento juntamente com a fertirrigação mostra vantagens significativas em termos de produtividade total das plantas e retornos económicos em comparação com a irrigação por aspersão e aplicação de fertilizantes convencionais.

Souad El-Gengaihi (2007) revelou que era possível obter um maior número de frutos com maior peso fresco e seco adicionando azoto a 200 kg/acre com potássio a uma taxa de 100 kg/acre. O polipeptídeo nos frutos imaturos aumentou com o azoto até 200 kg/acre e a combinação de uma dose média de azoto com qualquer taxa de potássio produziu a concentração mais elevada de polipeptídeo.

Jilani *et al.* (2009) realizaram uma experiência para avaliar o efeito de diferentes doses de NPK no crescimento e rendimento de híbridos de pepino. A aplicação de fertilizante NPK (100-50-50 kg ha^{-1}) mostrou o melhor desempenho em quase todos os níveis estudados, pois levou menos dias para a floração (39,33), frutificação (11,55), maturação (7,88), máximo de frutos por planta (35,5), peso máximo de frutos (136,03 g), comprimento máximo de frutos (18,36 cm) e rendimento por hectare (60,02 toneladas). A aplicação de 120-60-60 kg ha^{-1} de fertilizantes NPK também mostrou algum efeito benéfico em alguns parâmetros, incluindo o comprimento da videira (3,85

m) e o peso do fruto (150,69 g). As parcelas de controlo apresentaram resultados insatisfatórios relativamente a todos os parâmetros.

Sharma *et al.* **(2009)** relataram que o pepino cultivado no meio composto por solo: vermicomposto: areia (2:1:1) com fertirrigação de 300 Kg NPK ha^{-1} resultou num aumento do rendimento de 8,33 kg de plantas^{-1} e 16,66 kg m^{-2} com frutos de melhor qualidade em comparação com os níveis de fertirrigação de 100 kg e 200 kg NPK ha^{-1}.

Muhammad *et al.* **(2009)** realizaram uma experiência para avaliar o efeito de diferentes doses de NPK no crescimento e rendimento do pepino. A aplicação de fertilizante NPK (100-50-50) apresentou o melhor desempenho na maioria dos parâmetros estudados, uma vez que demorou menos dias para a floração (39,33), frutificação (11,55), maturação (7,88), máximo de frutos por planta (35,5), comprimento máximo de frutos (18,36 cm), peso máximo de frutos (136,03 g) e rendimento por hectare (60,02) toneladas. A aplicação de fertilizantes NPK @ 120:60:60 kg ha-1 também mostrou algum efeito benéfico em alguns parâmetros, incluindo o peso do fruto (150,69 g) e o comprimento da videira (3,85 m).

Janapriya *et al.* **(2010)** observaram que no pepino cv Green Long. O tratamento de turfa: composto de vermes, areia + 100 por cento de fertirrigação (T F$_{21}$) teve uma influência positiva na floração, altura da planta e rendimento por hectare em estufa, bem como no cultivo em campo aberto, em comparação com outros meios sem solo. O maior rendimento (113,89 t ha^{-1}) foi registado em T F$_{21}$ (turfa: vermicomposto: areia + 100% de fertirrigação) em estufa com ventilação natural e o maior rendimento de 96,11 t ha^{-1} foi registado em T F$_{21}$ em cultivo em campo aberto. Um aumento de rendimento de 18,45% foi observado com o pepino cultivado em estufa sob o tratamento de T F$_{21}$. A relação custo-benefício (3.43) foi encontrada como a mais alta para turfa: composto de vermes: areia com 100 por cento de fertirrigação por gotejamento sob polyhouse.

Shinde *et al.* (2010) relataram que o comprimento, largura e densidade de frutos de pepino aumentaram com o aumento dos níveis de fertilizantes e número de divisões, enquanto o peso do fruto não mostrou qualquer diferença observável. Número de frutos por planta (10,40), produção de frutos (2,166 kg planta^{-1}) e (255,03 q ha^{-1}) foram registados como significativamente mais elevados com 100 por cento RDN através da irrigação por gotejamento com 8 divisões. A irrigação por gotejamento mostrou valores reduzidos de necessidade de água com um aumento da eficiência do uso da água (10,13 q ha cm^{-1}). O tratamento, 100 por cento RDN através da fertirrigação com 8 números de divisões registou o máximo retorno líquido (₹ 71465.6 ha^{-1}) com relação custo-benefício de 3,34.

Zhang *et al.* (2011) relataram que a qualidade do fruto do pepino diminuiu com o aumento da aplicação de água de irrigação e fertilização nitrogenada. O nível ótimo de irrigação e o nível de aplicação de fertilizantes nitrogenados para o pepino sob irrigação por gotejamento subsuperficial na estufa solar no sudoeste da China foram 0,8 *Ep* e 450 e 600 kg ha^{-1} respetivamente.

Mostafa et al. (2012) estudaram o efeito de 3 níveis de azoto consistindo em N1 =75, N2= 150 e N3 =225 kg N/ha e três tempos de aplicação T1= ½ às 3 e 4 folhas e 1/2 antes da floração, T2= 1/2 às 3 e 4 folhas e 1/2 na frutificação, e T3 = 1/3 às 3 e 4 folhas, 1/3 antes da floração, e 1/3 após o início da frutificação foram utilizados como subparcela. Os resultados indicaram que tanto a taxa como o tempo de aplicação de azoto tiveram um efeito significativo na produção de frutos. A maior produção de frutos foi registada com a taxa de tratamento N3T3. O estudo também revelou que, ao aumentar os níveis de azoto de 75 para 225 kg N/ha, os valores de NPK nos frutos aumentaram.

Imran (2014) referiu que, entre quatro níveis diferentes de NPK (500, 750, 1000 e 1250 gm/fertirrigação), a aplicação de NPK a 1000 gm/fertirrigação é a dose mais adequada, que levou menos dias para a floração 31,4, frutificação 9,2, maturação 6,3, máximo de frutos por planta 34,4, peso máximo de frutos 134,6, comprimento máximo de frutos 18,1 cm gramas e rendimento por hectare 58,8 toneladas. No entanto, a aplicação de fertilizantes NPK a 1250 gm/fertirrigação também mostrou algum efeito positivo em alguns parâmetros como o peso do fruto 149,1 g e o comprimento da videira 3,8 m.

2.3 Efeito da cultivar no crescimento, rendimento e qualidade

Shalaby e Hussein (1994) observaram que as plantas Fl e F2 de pepino cv. Katia-2744 não diferiram significativamente em relação ao rendimento total comercializável em casas de plástico não aquecidas no Egipto, no entanto, as plantas F 1 ultrapassaram significativamente as F2 no rendimento precoce. No que respeita à qualidade dos frutos (peso, comprimento, índice de forma e cor), as plantas FJ e F2 não diferiram significativamente.

AI-Harbi *et al.* (1996) relataram que, na estufa controlada, todas as quatro cultivares de pepino tinham caracteres de crescimento vegetativo quase semelhantes, mas a cv. Sahara provou ser superior às outras cultivares na produção total expressa em número e peso de frutos por planta. Não foram observadas diferenças significativas na produção total entre as outras cultivares.

Hochmuth e Leon (1996) avaliaram doze cultivares de pepino sem sementes em duas épocas numa estufa coberta com polietileno de dupla camada. O rendimento total comercializável no ensaio de outono variou entre 11,5 lb por planta para 'Aramon' e 15,2 lb por planta para 'Kalunga', enquanto o rendimento total comercializável no ensaio de primavera variou entre 16,1 lb por planta para 'Discover' e 19,7 lb por planta para 'Marianna'. Não foram detectadas diferenças significativas para o rendimento precoce (três primeiras colheitas) em nenhum dos ensaios.

Dehua *et al.* (1997) referiram que o 'Jinyou-l' (híbrido Fl) é um pepino de maturação precoce para cultivo protegido, que deu um rendimento de cerca de 90 t/ha.

Muhammad *et al.* (1998) estudaram o desempenho relativo de onze híbridos de pepino partenocárpicos (Dala, Belcanto, ellando, Safa, Mubis, Taha, Luna, Pigal, Maram, Dina e Nibal) em túneis de plástico comuns durante as estações da primavera e do outono. Para o cultivo de primavera, Taha, Luna e Dala foram consideradas as melhores, produzindo 5,58, 4,48 e 4,17 kg /m^2 , respetivamente. As cultivares consideradas promissoras durante a estação do outono foram Dala, Mubis e Luna, que produziram 2,48, 2,30 e 2,24 kg /m^2 , respetivamente.

Zhao *et al.* **(1998)** afirmaram que Luhuanggua-ll é a cultivar de pepino mais adequada para cultivo protegido.

Broeck *et al.* **(1999)** Avaliaram onze cultivares de pepino em condições de estufa. A maior produtividade foi obtida pela BS 19-59 (17,637 kg /m^2 , 45,21 frutos /m^2), enquanto a BSK 19-63 obteve os frutos mais longos no caule (33,8 cm) e a LD 97-71-04 obteve os frutos mais longos nos ramos (36,6 cm).

Sari *et al.* **(1999)** estudaram os efeitos das datas de sementeira no rendimento e nos períodos de colheita de cultivares de pepino de conserva. Os rendimentos mais elevados foram obtidos com a sementeira na primeira semana de abril entre as cultivares, Milglas, Niz 50-114, Fancipak e Ophix foram as mais produtivas, enquanto Marinda e Pict foram as menos produtivas. Não foram observados efeitos significativos da época de sementeira no tamanho dos frutos, mas as cultivares 'Donja', 'Marinda', 'Ophix' e 'Fancipak' produziram frutos maiores do que as outras.

Wang *et al.* **(1999)** afirmaram que a cultivar de pepino 'Jinyou No.2' é uma planta de maturação precoce, de alto rendimento e altamente resistente ao míldio, ao oídio e à murcha de Fusarium, cultivada em estufa solar durante o inverno e a primavera. Demora cerca de 70 dias desde a sementeira até à primeira colheita, com um rendimento total de 82,5 t/ha e um peso médio de fruto de 200 g.

Jiang- yan *et al.* **(2000)** realizaram uma experiência de sementeira de sementes de pepino em 4 datas, entre 17 de setembro e 6 de outubro, numa estufa solar na China. O número de flores femininas nos nós 1 a 12 aumentou com o atraso da data de sementeira, mas a data de sementeira não teve qualquer efeito no número de flores femininas nos nós 13 a 20. O efeito de diferentes datas de sementeira no rendimento do pepino. Borah (2001) obteve um rendimento máximo agrupado de 291 q/ha. da cultura semeada a 20 de abril, que diferiu significativamente das restantes datas de sementeira, exceto a sementeira a 20 de maio. AAUC2 e relatou que a primeira data de sementeira (21 de março) deu os melhores resultados em quase todos os parâmetros, exceto para o tamanho do fruto, em comparação com as sementeiras de 5 de abril e 20 de abril. No entanto, do ponto de vista da colheita precoce

Shaw *et al.* (2000) avaliaram seis cultivares de pepino Beta Alpha e três cultivares do tipo holandês durante três épocas numa estufa coberta de polietileno de dupla camada com ventilação passiva. Todas as seis cultivares Beta Alpha produziram mais frutos precoces e totais comercializáveis em todas as épocas do que as cultivares holandesas. O número total de frutos comercializáveis de todas as cultivares Beta Alpha foi maior na primavera do que no outono. A cultivar Beta Alpha 'Alexander' produziu um rendimento elevado em todas as três estações.

Pirog (2001) observou que as cultivares de pepino de estufa Rubin F1 e Marinda F1 diferiam no que diz respeito ao rendimento. A Rubin FI produziu rendimentos totais (21,93 kg / m^2), comercializáveis (21,39 kg / m^2) e de primeira classe (20,88 kg / m^2) significativamente mais elevados do que a Marinda F1 (20,44, 20,02 e 19,46 kg / m^2 , respetivamente). A maior taxa de crescimento do rendimento da primeira classe, teve a cv. Rubim F1. A massa média de um pepino Rubin F1 foi cerca de 20% superior à da cv. Marinda F1.

Cardoso (2002) avaliou quatro variedades (Branco coloniao, Caipira Hortec, Premio e Rubi) e três híbridos (Caipira AG -221, Guarani AG-370 e Safira) de pepino em cultivo protegido na fazenda experimental Saomanuel durante o verão e o *inverno*. O híbrido 'Safira' F$_1$ deu o maior rendimento durante o verão (41,3 frutos/planta), enquanto o híbrido 'Premio' FI teve o menor rendimento comercial (6,7 frutos/planta) durante o inverno. Concluiu-se que o híbrido 'Safira' F$_1$ foi a melhor cultivar para o verão, enquanto no inverno todas as cultivares apresentaram menor produtividade.

Gao - Li Hong *et al.* (2002) relataram que os híbridos asiáticos europeus apresentaram vantagens no crescimento vegetativo e reprodutivo, resultando num crescimento vigoroso, grande vigor do sistema radicular e rendimento elevado. As cultivares europeias foram superiores às cultivares asiáticas na sua tolerância a baixas intensidades de luz.

Cardoso e Silva (2003) avaliaram doze híbridos de pepino no verão e 14 no outono inverno quanto ao seu desempenho em cultivo protegido no Brasil. Os híbridos de maior rendimento no verão foram 'Tsuyataro' (25,4 frutos/planta) e Rensei (25,3 frutos/planta). Os híbridos mais produtivos no outono inverno foram 'Nikkey' (26,8 frutos / planta e 'Top Green' (23,4 frutos / planta). Foram obtidos rendimentos mais elevados nas sementeiras de outono inverno do que nas de verão.

Singh _et al._ (2002) obtiveram maior rendimento de pepino e melancia semeados a 30 de novembro em comparação com a sementeira a 10 e 20 de dezembro.

Hochmuth _et al._ (2004) realizaram um experimento em estufa durante o inverno para avaliar o rendimento e a qualidade dos frutos na colheita e durante o armazenamento de 12 cultivares de pepino e observaram que as cv. 4419, Alamir, General, LDCB-845 e Manar foram as cultivares de maior rendimento, variando de 1393 a 2637 g de planta, enquanto a cv. Tenor registou o rendimento mais baixo.

Yildirim e Guvenc (2004) estudaram a exploração de uma cultura intercalar adequada com pepino _(Cucumis sativus)_ para uma utilização correcta dos espaços e recursos em condições de estufa. Não foram encontradas diferenças significativas entre os sistemas de cultivo em termos de comprimento do fruto, diâmetro do fruto, peso do fruto e frutos por planta em ambos os anos. No entanto, a cultura intercalar aumentou significativamente o rendimento equivalente de pepino em comparação com a cultura de venda. Os resultados mostraram que a cultura intercalar de pepino com alface, alface de folha ou feijão-frade apresenta alguma vantagem em termos de rendimento e uma maior produtividade baseada na área do que quando cultivada isoladamente.

Siwek e Lipowiecka (2004) referiram que o pepino 'Marinda FI' deu o maior rendimento em túneis de plástico onde o solo foi coberto com película de polietileno colorida ou preta. O rendimento mais baixo foi produzido por culturas sombreadas diretamente com película perfurada. Obteve-se uma margem bruta de 2,42 PLN por m^2 , sendo três vezes superior à do cultivo sem coberturas. De acordo com Korol (2005), a variedade híbrida partenocárpica de pepino 'kurazh' é adequada tanto para cultivo ao ar livre como protegido, não só como cultura de primavera verão, mas também como cultura de inverno - primavera.

Singh *et al.* (2005) afirmaram que as cultivares de pepino Hasan e Sarig são ideais para o verão e a estação das chuvas, enquanto Muhasan, Isatis, Dinar, Nun 9729, Nun 3019 e Kian são cultivadas com sucesso na estação do inverno.

Biryukova e Maslovskaya (2006) analisaram dois novos híbridos partenocárpicos de pepino, dos quais o híbrido médio-precoce PI "VHyaz" (F médio-precoce1) teve um rendimento de 14-15 kg m^2 , tem uma altura média, folhas verde-escuras e pepinos ovais a cilíndricos de 12-14 cm de comprimento, e tem pepinos ovais a cilíndricos de 12-14 cm de comprimento, enquanto que o híbrido "Zhukovskii" (meio-precoce F_1) teve um rendimento de 15-17 kg m^2 , tem folhas verdes escuras e produz pepinos curtos de 10-12 cm de comprimento.

Alsadon *et al.* (2006) registaram diferenças significativas entre as cultivares nas características de crescimento dos frutos, especialmente no rendimento e nos seus componentes. Os valores mais elevados de peso do fruto, precocidade e rendimento total foram registados em 'Copra', seguido de 'Alia' e 'Alasil', respetivamente.

Guncan *et al.* (2006) efectuaram uma experiência para determinar as possibilidades de cultivo de pepino biológico em condições de estufa. Observaram que a estação de crescimento da primavera parece ser mais adequada para a produção de pepinos biológicos em condições de estufa em Izmir. O rendimento total foi determinado em 16,46 kg m^2 na estação da primavera, em comparação com 5,33 kg m^2 no período de produção do outono.

EI - Aidy *et al.* (2007) realizaram uma experiência para estudar a influência da estação de crescimento na produção de dois híbridos de pepino PI em cultivo protegido. Foram testadas duas épocas, a primeira de inverno e a segunda de início de verão. Da mesma forma, as datas de transplante do pepino em casas de plástico foram 10 de outubro no inverno e 2 de fevereiro no início do verão em ambos os anos. Concluíram que a estação do início do verão provocou um aumento altamente significativo na produção de frutos precoces e totais (como peso e número de frutos) quando comparada com a estação do inverno em ambos os anos.

Guo *et al.* (2008) realizaram experiências de dois anos com pepinos em estufa para investigar os efeitos sazonais na produção de frutos com diferentes manejos de fertilizantes. Os efeitos sazonais foram muito maiores do que os efeitos dos fertilizantes, e o pepino de inverno - primavera (WS) alcançou maiores rendimentos de frutos e absorção de N do que o pepino de outono-inverno (A W) devido a temperaturas do ar acumuladas mais baixas durante a maturação dos frutos na estação A W. Os pepinos de melhor qualidade foram obtidos no período de cultivo - entre abril e agosto, devido às condições climáticas óptimas para esta espécie no cultivo em estufa. A baixa intensidade de irradiação durante a primavera foi uma causa significativa de um rendimento muito inferior em comparação com as culturas de verão e de outono.

Diviya Sharma et.al (2018) O estudo de diferentes níveis de espaçamento e formação no crescimento e rendimento de pepino híbrido em estufa. A experiência foi composta por um total de 18 combinações de tratamento de dois híbridos, Kian e Isetis, três níveis de espaçamento, 60 x 30 cm (S1), 60 x 45 cm (S2) e 60 x 60 cm (S3) com três níveis de formação, T1 (remoção de um rebento), T2 (remoção de dois rebentos) e T3 (remoção de três rebentos). O híbrido Isetis foi significativamente superior ao Kian.

2.4 Efeito da geometria e do espaçamento das plantas no crescimento, rendimento e qualidade

Dimitrov e Kanazirska (1995) efectuaram um ensaio em pepino em estufa com 3 cultivares plantadas a 1,2, 1,6 ou $2,0/m^2$ e observaram que o aumento da densidade estimulava o crescimento das plantas. Houve uma correlação positiva elevada entre a densidade e o desenvolvimento do caule e das folhas. O aumento da densidade de plantação de 1,2 para *2,0/m²* aumentou o rendimento precoce da cv. 'Sandra' em 26,5-40,8% e o rendimento total em 16,7-17,4%; da cv. 'Sofia' em 29,9-32,1% e 7,8-15,6%, respetivamente; e da cv. 'Mustang' em 16,7-17,5%, respetivamente. A densidade de plantação não afectou significativamente a percentagem de frutos deformados.

Etman (1995) realizou uma experiência numa estufa de fibra de vidro não aquecida, durante duas épocas de cultivo, para estudar a resposta do pepino partenocárpico "Sahara" a espaçamentos entre plantas de 25, 35 e 45 cm, com uma ou duas plantas por colina. O rendimento por unidade de área (lm2) aumentou à medida que o espaçamento entre plantas diminuiu para 25cm e, também, com o aumento do número de plantas por colina para duas plantas por colina. O aumento do rendimento foi positivamente associado ao número de frutos. O aumento da densidade de plantas diminuiu a altura das plantas, o número de folhas por planta, a produção e o número de frutos por planta. Foram encontrados coeficientes de correlação significativos entre as características estudadas do pepino com base na unidade de área ou por planta.

Lim (1997) realizou uma experiência com a cultivar de pepino 'Palmera' para estudar o efeito do crescimento e do espaçamento (40, 60 ou 80 cm; dando densidades de plantas de 4,6, 3,1 e 2,3 plantas m² respetivamente) no rendimento comercializável variou de 6,7 kg m² (2,3 plantas m²) a 8,8 kg m² (4,6 plantas m).²

Rimkevicius *et al.* (1999) estudaram o impacto da distância de plantação no crescimento, rendimento, produtividade, tamanho do fruto, conteúdo de clorofila e matéria seca nas folhas do pepino. Verificaram que o híbrido "Marinda" densamente plantado (a cada 25 cm numa linha) era mais produtivo do que as plantas estabelecidas a distâncias maiores. O rendimento foi 15,9 por cento superior. De acordo com Akinci *et at.* (2000) o rendimento mais elevado (2108 kg/ha) e o rendimento económico (aproximadamente 235 milhões de toneladas) foram obtidos com uma densidade de plantas de 20.000 plantas/ha. O maior número de frutos (47,15 frutos por planta) foi observado num espaçamento de 3350 plantas por ha. O efeito da densidade de plantas foi insignificante no peso dos frutos. Da mesma forma, Kanthaswamy *et al.* (2000)

registaram um rendimento máximo (125,82 t ha-^{1}) de pepino em condições de estufa com o espaçamento de 60x60 cm.

Xizhen et al. (2001) estudaram os efeitos da taxa de fertilizante N e do espaçamento entre plantas no rendimento de pepinos cultivados em estufa. A simulação por computador determinou que um rendimento de 67,5 t/ha exigia N a uma taxa de 390,9-627,9 *kg/ha* e uma densidade de plantação de 50925-50915 plantas/ha.

Choudhari e More (2002) recomendaram que o espaçamento de 1,80 x 0,45 m é ótimo para obter o número máximo de frutos por videira, rendimento por videira e rendimento por hectare em dois híbridos ginóicos tropicais de pepinos, nomeadamente "Phule Prachi" e "Phule Champa". A cultura foi alimentada com 200:125:125 kg NPK/ha.

Fernandes *et al.* (2002) avaliaram a produção e a qualidade dos frutos de pepino cv.'Aodai' cultivado em soluções nutritivas em estufa. As mudas (21 dias de idade e 10 cm de comprimento) foram cultivadas em vasos plásticos de 8,6 litros, com espaçamento de 0,40 x 0,70 m. Não houve diferença significativa entre os tratamentos. A produtividade média foi de 3,46 kg plan^{-1} correspondendo a uma produtividade de 123 t ha^{-1} ano, considerando o espaçamento adotado.

Peil e Lopez (2002) afirmaram que o aumento da densidade das plantas diminuiu a biomassa total acima do solo, o número de frutos e a produção de biomassa de frutos por planta em plantas de pepino cultivadas em estufa. Do mesmo modo, Gebologlu e Saglam (2002) estudaram os efeitos de diferentes espaçamentos entre plantas dentro da linha e de materiais de cobertura vegetal no rendimento e na qualidade do pepino em conserva durante o verão e o outono. Constataram que a combinação de materiais de cobertura morta PE transparente e espaçamento de 20 cm entre plantas dentro da fileira resultou no maior rendimento.

Resende e Flori (2004) estudaram o efeito de 3 espaçamentos entre plantas (0,20, 0,30 e 0,50 metros) na produtividade e qualidade de 5 cultivares de pepino para conserva ('Calypso', 'Eureka', 'Supremo', 'Vlaspik' e 'Vlasset'). O rendimento de 'Eureka',

'Vlaspik' e 'Vlasset' diminuiu com o aumento do espaçamento entre plantas dentro das linhas, enquanto 'Supremo' e 'Calypso' apresentaram pontos de efeito quadrático mínimo e máximo.

Wang-Shu *et al.* **(2005)** realizaram uma experiência para testar os efeitos do espaçamento no crescimento de pepinos em estufa solar. Foram concebidos quatro tratamentos. O espaçamento entre gotejadores (descargas dos gotejadores) 30cm (2.7 litros h^{-1}), 50 cm (2.7 Htres h), 30 cm (1.4 litros h^{-1}) e 50 cm (1.4 litros h^{-1}) e os resultados mostraram que o rendimento nos quatro tratamentos foi de 80.63, 85.66,94.31, e 90.91 t/h m^2 respetivamente.

Maniutiu *et al.* **(2006)** registaram que o cultivo de pepino em estufa a 28.000 plantas por hectare em substrato de turfa resultou num aumento de cerca de 29,3 por cento do rendimento inicial e 23,4 por cento do rendimento total em comparação com o controlo (cultivo em palha de trigo e estrume a 16.000 plantas por hectare).

Vikram et al. (2017), a experiência foi composta por um total de 12 combinações de tratamentos e quatro níveis de geometria da planta, nomeadamente 45x20 cm, 45x30 cm, 45x45 cm e 45x60 cm. O espaçamento 45x60 cm foi o melhor no que diz respeito às características vegetativas e de rendimento. O número máximo de frutos por videira (40,19), o peso do fruto (119,69 g) e o rendimento por videira (4,74 kg) foram registados no espaçamento 45x60 cm.

Dillip Kumar Dingall et.al (2018) Foi realizada uma experiência para estudar a influência de diferentes condições de proteção no crescimento e rendimento de híbridos de pepino partenocárpico (*Cucumis sativus* L.) para padronizar as condições de crescimento adequadas para o cultivo protegido de pepino partenocárpico (*Cucumis sativus* L.) Os resultados indicaram uma diferença significativa em todos os parâmetros de crescimento vegetativo e rendimento estudados.

2.5 Efeito da qualidade do fruto no crescimento, rendimento e qualidade

Ruiz e Romero (1998) verificaram o efeito de taxas de N (KNO₃ a 2,5,5,10,20 ou
$40g/m^2$) no rendimento e na qualidade da cultivar de pepino em estufa Bunex. Os
frutos dos tratamentos de 10 e $20g/m^2$ foram os melhores para consumo humano e
lucro económico. O N a $40g/m^2$ produziu menos frutos de baixa qualidade. Taxas mais
baixas de N (2,5 e $5g/m^2$) produziram fracos rendimentos de frutos de má qualidade.

Siwek e Capecka (1999) referiram que o crescimento vegetativo era maior nas plantas
do túnel onde as condições térmicas eram melhores. Os rendimentos precoces e totais
comercializáveis foram mais elevados sob o túnel PE para todas as cultivares de
pepino. Os rendimentos sob a cobertura PP foram mais baixos, mas excederam em
muito os do campo aberto. Os rendimentos mais elevados foram os de Othello, que foi
ligeiramente mais precoce do que Marinda. O Gracius foi o último a atingir a
maturidade da colheita e só conseguiu atingir o seu potencial máximo de frutificação
no final de julho. Não se registaram diferenças significativas na composição química
dos frutos entre as cultivares. Os pesos secos e os teores de açúcar foram inferiores nos
túneis.

Parks *et al.* (2004) observaram a produção e a qualidade dos frutos de mini-pepino
(Cucumis sativus cv. Tandora) utilizando diferentes substratos num sistema de
escoamento para resíduos numa experiência em estufa. Não houve efeito significativo
do substrato sobre o peso seco da planta, o número de pepinos, o peso dos pepinos ou
o peso médio por pepino, nem sobre as medidas de qualidade dos frutos. No entanto,
registaram-se diferenças na cor, deformação, resistência ao esmagamento e matéria
seca entre colheitas.

Fernandez *et al.* (2004) avaliaram a variedade de pepino de estufa Tropico F₁
cultivada em substrato de perlite ou num sistema hidropónico durante as estações de
inverno e verão. Os frutos cultivados em NFT tinham uma cor de pele mais escura e
verde do que os frutos cultivados em perlite. Os frutos cultivados durante o inverno
apresentavam uma cor de pele mais escura e verde baça, e eram de melhor qualidade
do que os frutos cultivados na primavera. O peso e o diâmetro dos frutos aumentaram
gradualmente durante o inverno, mas diminuíram após a terceira colheita durante a

primavera. O comprimento dos frutos cultivados em NFT e perlite variou significativamente apenas durante algumas datas de colheita específicas durante o inverno. No entanto, os frutos cultivados com perlite eram maiores durante a primavera do que durante o inverno. A cor da casca foi considerada o melhor índice de qualidade dos frutos de pepino, embora a acidez e a firmeza também possam ser utilizadas para monitorizar a qualidade, particularmente durante a primavera.

Gomez *et al.* (2006) referiram que os frutos de pepino cultivados em estufa durante o inverno apresentavam uma cor de pele mais escura e verde baça, e mostravam melhor qualidade do que durante a primavera. Em geral, a qualidade dos frutos aquando da colheita na primavera era inferior à do inverno, devido ao branqueamento da polpa.

2.6 Efeito económico dos tratamentos utilizados no crescimento, rendimento e qualidade

Engyndenyz (2000) concluiu os custos e rendimentos da produção biológica de pepinos numa estufa de 12 x 32 m em Menderes, Turquia, e desenvolveu um orçamento de produção para os produtores. Os custos totais da produção biológica de pepinos em estufa foram determinados em 1334 dólares. De acordo com o estudo, o rendimento líquido por metro quadrado foi determinado em 0,98 dólares para os pepinos biológicos em estufa e o rendimento líquido por quilograma foi calculado em 0,07 dólares. Mas os riscos de produção e de mercado afectam a rentabilidade e a viabilidade económica dos produtos hortícolas cultivados segundo o modo de produção biológico.

Singh et al. (2006) realizaram uma experiência no projeto indo-israelita do Instituto Indiano de Investigação Agrícola, em Nova Deli, no âmbito da qual foram avaliados dois tipos de estufas com ventilação natural quanto à sua viabilidade técnico-económica para o cultivo de pepino durante todo o ano. A primeira cultura de pepino partenocárpico (Var. Hasan) foi plantada na primeira semana de agosto, a segunda cultura na primeira semana de outubro (Var. Muhasan) e a terceira cultura na segunda semana de fevereiro (Var. Sarig) em ambas as estufas, tendo sido calculados os respectivos custos de produção e a relação custo/benefício. A relação custo-benefício do cultivo de pepino no sistema de estufa israelita foi de 1:1,13, ao passo que a relação custo-benefício para as estufas indianas foi de 1:2,06 nas condições de Deli, na Índia. Conclui-se que as estufas de baixo custo com ventilação natural são mais adequadas e económicas para o cultivo de pepinos durante todo o ano nas planícies do norte da Índia.

Meena et. al (2017) As observações foram registadas para diferentes características relacionadas com a vegetação, o rendimento e a atribuição de rendimento e o teor de humidade. O tratamento T7 [(RDF + ácido húmico 10 kg /ha. aplicação no solo + ácido húmico 0,1% pulverização foliar + mistura de micronutrientes pulverização foliar (0,5% Zn + 0,2% B + 0,5% Mn)] foi o melhor no que diz respeito às características vegetativas *viz.* comprimento da videira (cm), número de ramos por planta e área foliar (cm^2). O rendimento e as características que contribuem para o rendimento, como o número de frutos por videira, o peso do fruto (g), o comprimento do fruto (cm), o diâmetro do fruto (cm), o volume do fruto (cc), o rendimento por planta (kg) e o rendimento por metro quadrado (kg) foram significativamente influenciados pelo efeito do ácido húmico

Capítulo 3

MATERIAIS E MÉTODOS

A experiência foi realizada na Quinta de Investigação Vegetal, Departamento de Horticultura, Universidade Sam Higginbottom de Agricultura, Tecnologia e Ciência, Prayagra (Allahabad), U.P. durante o ano de 2017-18 e 2018-2019 na estação de inverno com o título **"Estudo sobre a geometria das plantas, cultivar e doses de fertilizantes no crescimento, rendimento e qualidade do pepino (Cucumis sativus) em condições protegidas"**. O sítio experimental na bacia hidrográfica do Ganges e do Yamuna. Está situado a $28^0 .87'$ N latitude $81^0 .15'$ E longitude com uma altitude de 98 m acima do nível médio do mar. A precipitação média anual é de 1013,4 mm, precipitando-se principalmente entre meados de julho e finais de setembro. janeiro é o mês mais frio, quando o mercúrio pode descer até um mínimo médio de 5^0 C. Por outro lado, maio e junho são os meses mais quentes, registando temperaturas médias elevadas entre 46^0 C - 48^0 **C.**

3.1 CARACTERÍSTICAS DO SOLO

Para analisar as características físicas e químicas do solo da estufa, foram colhidas, com a ajuda de um trado, amostras de solo de diferentes locais da estufa, a uma profundidade de 0-90 cm, que foram misturadas, secas ao ar e finalmente moídas até se tornarem pó.

Os dados apresentados no quadro 3.1 indicam que a textura do solo era franco-arenosa e que a reação do solo era neutra. O azoto, o potássio e o fósforo disponíveis estão no limite superior, enquanto o zinco disponível é muito baixo. As constantes físicas do solo para estes solos são apresentadas no quadro 3.2.

Tabela 3.1: ANÁLISE MECÂNICA E QUÍMICA DO SOLO

S.N.	Parâmetro	Valor de teste	Métodos utilizados
(A)	**Análise mecânica**		
1	Areia (%)	60	
2	Silte (%)	26	Método de dispersão internacional (Piper, 1950)
3	Argila (%)	14	
(B)	**Análise química**		
1	pH	7.18	
2	Condutividade eléctrica (dsm)$^{-1}$	0.191	1:2 Suspensão de água no solo (Jackson, 1973)
3	Carbono orgânico (%)	0.60	Walkley e o método dos negros (Piper, 1966)
4	Azoto disponível (kg-ha)$^{-1}$	290.26	ermanganato de potássio alcalino ,1956)
5	Fósforo disponível (kg-ha) $^{-1}$	25.25	Método de Olsens (Olsen *et al.*1954)
6	Potássio disponível (kg-ha) $^{-1}$	157.62	Fotómetro de chama (Mervin e Peech, 1951)
7	Cálcio disponível (K kg-ha) $^{-1}$	1.70	
8	Zinco (kg ha)$^{-1}$	0.32	Método EDTA
9	Magnésio disponível (mg/100g)	0.7	

Quadro 3.2: CONSTANTES FÍSICOS DO SOLO

S.N.	Constantes físicas do solo	Valores (em base de peso)

1	Densidade a granel (mg m)$^{-3}$	1.33
2	Densidade das partículas (mg m)$^{-3}$	2.45
3	Percentagem de espaço poroso (%)	49.33
4	Capacidade de retenção de água (%)	43.50

3.2 DADOS METROLÓGICOS

3.2.1 Observação meteorológica

As observações meteorológicas das três condições de temperatura, humidade relativa e intensidade luminosa foram registadas durante o período de cultivo, ou seja, desde o mês da sementeira direta em estufa (outubro) até à última colheita (fevereiro). A zona do distrito de Allahabad pertence à cintura subtropical do sudeste do Uttar Pradesh, que regista um verão extremamente quente e um inverno bastante frio. A temperatura máxima do local atinge 46^0 C - 48^0 C e raramente desce até 4^0 C - 5^0 C. A humidade relativa varia entre 20 e 94 por cento. A precipitação média nesta área é de cerca de 1013,4 mm por ano. Os dados meteorológicos de (maio de 2017 a fevereiro de 2018 e maio de 2018 a fevereiro de 2019) no que diz respeito à precipitação total, temperatura máxima e mínima, humidade relativa mais alta e mais baixa são apresentados na tabela 3.3

Tabela 3.3: Dados agro-meteorológicos durante os meses de maio de 2017 a fevereiro de 2018

Mês	2017-2018				
	Temperatura Máx. (^{0} C)	Temperatura mínima (^{0} C)	Precipitação (mm)	R.H (%) Máximo.	R.H (%) Min.

maio	44.20	26.70	1.00	56.52	26.37
Jun	41.77	29.54	48.40	59.43	31.20
julho	33.81	27.26	464.20	88.74	61.00
agosto	35.06	28.99	81.20	89.65	52.84
setembro	34.60	25.95	30.20	90.20	60.27
outubro	35.22	26.00	0.00	90.13	54.97
Nov	32.27	13.55	0.00	92.20	56.47
Dez	27.63	9.77	0.00	93.07	42.33
Jan	25.77	8.42	0.00	93.63	47.63
Fev	30.24	11.69	6.60	88.32	42.96

Mês	2018-2019				
	Temperatura Máx. (^{0} C)		Temperatura Máx. (^{0} C)		Temperatura Máx. (^{0} C)
maio	42.65	26.89	22.91	77.48	33.16
Jun	41.79	29.90	39.26	78.36	34.86
julho	35.47	28.23	340.02	85.29	52.12
agosto	33.36	26.79	395.14	92.09	69.17
setembro	34.63	25.94	58.9	90.20	60.26
outubro	35.23	21.81	0.20	90.06	55.06
Nov	32.26	13.55	5.17	92.20	56.46
Dez	26.40	9.98	00	93.12	57.87
Jan	23.34	8.09	16.10	91.70	60.96

| Fev | 27.06 | 13.27 | 3.76 | 90.18 | 49.52 |

Tabela 3.4: Dados Agro Meteorológicos durante os meses de maio de 2018 a fevereiro de 2019

Fig. 3.1: Dados agro meteorológicos durante os meses de maio de 2017 a fevereiro de 2018

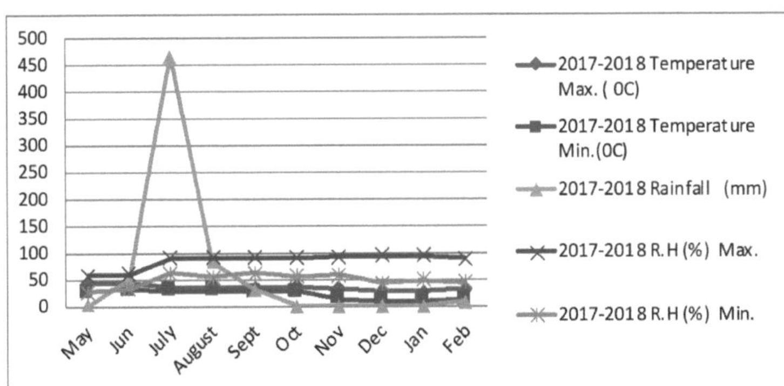

Fonte: Unidade do Observatório Agro-Meteorológico, Faculdade de Silvicultura e Ambiente, Universidade Sam Higginbottom de Agricultura, Tecnologia e Ciências, Allahabad.

Fig. 3.2: Dados agro-meteorológicos durante os meses de maio de 2018 a abril de 2019

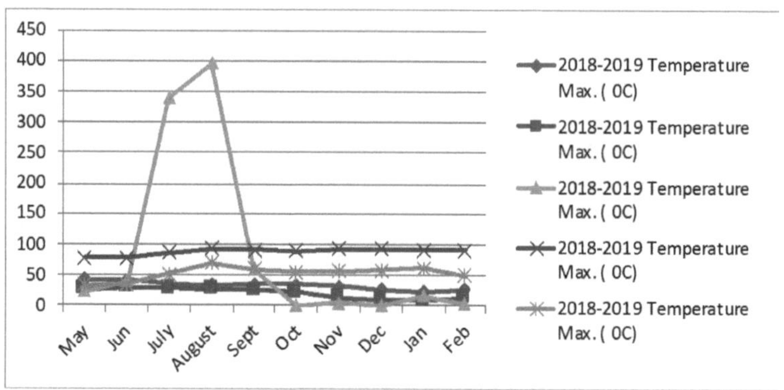

Fonte: Unidade do Observatório Agro-Meteorológico, Faculdade de Silvicultura e Ambiente, Universidade Sam Higginbottom de Agricultura, Tecnologia e Ciências, Allahabad.

3.3 PORMENORES DA EXPERIÊNCIA

Desenho experimental: Desenho de blocos aleatórios

Número de tratamentos : 27

Número de réplicas : 3

Época : inverno 2017-18 e inverno 2018-2019

Área total da experiência: estufa com ventilação natural de 220 m^2

Material de plantação : Três pepinos partenocárpicos

Pant Partenocárpico -2 (V1)

Pant Parthenocarpic -3 (V2)

Hilton (V3)

Detalhes do tratamento : 3 Factores

Fator um - Geometria da planta - 3

$$60 \times 30 \ (P)_1$$

$$60 \times 40 \ (P)_2$$

$$60 \times 50 \ (P)_3$$

Fator dois - Cultivar - 3

Pepino partenocárpico -2 $(V)_1$

Pepino partenocárpico -3 $(V)_2$

Hilton $(V)_3$

Fator três - Doses de fertilizantes - 3 combinações de NPK (kg/1000 m $)^2$

20:10:22 kg $(D)_1$

25:15:27 kg $(D)_2$

30:20:32 kg $(D)_3$

Quadro 3.5: DETALHES DA COMBINAÇÃO DE TRATAMENTOS EM CUCUMBER

N.º de tratamentos	Combinações de tratamentos	Especificação
T_1	V1+D1+P1	PPC -2 + 20:10:22 kg + 60 x 30 cm
T_2	V1+D1+P2	PPC -2 + 20:10:22 kg + 60 x 40 cm
T_3	V1+D1+P3	PPC -2 + 20:10:22 kg + 60 x 50 cm
T_4	V1+D2+P1	PPC -2 + 25:15:27 kg + 60 x 30 cm
T_5	V1+D2+P2	PPC -2 + 25:15:27 kg + 60 x 40 cm

T_6	V1+D2+P3	PPC -2 + 25:15:27 kg + 60 x 50 cm
T_7	V1+D3+P1	PPC -2 + 30:20:32 kg + 60 x 30 cm
T_8	V1+D3+P2	PPC -2 + 30:20:32 kg + 60 x 40 cm
T_9	V1+D3+P3	PPC -2 + 30:20:32 kg + 60 x 50 cm
T_{10}	V2+D1+P1	PPC -3 + 20:10:22 kg + 60 x 30 cm
T_{11}	V2+D1+P2	PPC -3 + 20:10:22 kg + 60 x 40 cm
T_{12}	V2+D1+P3	PPC -3 + 20:10:22 kg + 60 x 50 cm
T_{13}	V2+D2+P1	PPC -3 + 25:15:27 kg + 60 x 30 cm
T_{14}	V2+D2+P2	PPC -3 + 25:15:27 kg + 60 x 40 cm
T_{15}	V2+D2+P3	PPC -3 + 25:15:27 kg + 60 x 50 cm
T_{16}	V2+D3+P1	PPC -3 + 30:20:32 kg + 60 x 30 cm
T_{17}	V2+D3+P2	PPC -3 + 30:20:32 kg + 60 x 40 cm
T_{18}	V2+D3+P3	PPC -3 + 30:20:32 kg + 60 x 50 cm
T19	V3+D1+P1	Hilton + 20:10:22 kg + 60 x 30 cm
T20	V3+D1+P2	Hilton + 20:10:22 kg + 60 x 40 cm
T21	V3+D1+P3	Hilton + 20:10:22 kg + 60 x 50 cm
T22	V3+D2+P1	Hilton + 25:15:27 kg + 60 x 30 cm
T23	V3+D2+P2	Hilton + 25:15:27 kg + 60 x 40 cm
T24	V3+D2+P3	Hilton + 25:15:27 kg + 60 x 50 cm
T25	V3+D3+P1	Hilton + 30:20:32 kg + 60 x 30 cm
T26	V3+D3+P2	Hilton + 30:20:32 kg + 60 x 40 cm
T27	V3+D3+P3	Hilton + 30:20:32 kg + 60 x 50 cm

V1: Pepino partenocárpico pantaneiro -2 **V2: Pepino partenocárpico** Pant -3 **V3** Hilton

P1: 60 x 30 **P2:** 60 x 40 **P3:** 60 x 50

D1: 20:10:22 Kg (NPK) **D2:** 25:15:27 Kg (NPK) **D3:** 30:20:32 Kg (NPK)

3.4 PRÁTICAS AGRONÓMICAS:

3.4.1 ORIGEM DAS SEMENTES

As sementes de pepino partenocárpico de Pant -2 e pepino partenocárpico de Pant -3 foram obtidas do Dr. D. K. Singh, Professor e criador de vegetais, Departamento de Ciências Vegetais, GBPUAT Pantnagar e as sementes de pepino Hilton foram obtidas do Dr. Awani Kumar Singh, Cientista Principal, Centro de Tecnologia de Cultivo Protegido (CPCT), Instituto Indiano de Investigação Agrícola (IARI), Nova Deli.

3.4.2 ORIGEM DO FERTILIZANTE E APLICAÇÃO:

Para satisfazer as necessidades das doses recomendadas de nutrientes para as plantas, a ureia (46:0:0), o fosfato de ureia (17:44:0) e o sulfato de potássio (0:0:50) foram utilizados como fonte de azoto, fósforo e potássio, respetivamente. O fertilizante recomendado foi aplicado em 12 doses divididas manualmente e com início após duas semanas de sementeira em intervalos fracos até três meses de sementeira através de aplicação manual.

Diferentes factores de cálculo de fertilizantes

Ureia = 100/46 = 2.173   (Para o fornecimento de 1 kg de azoto)

Fosfato de ureia = 100/44 = 2.272 (Para o fornecimento de 1 kg de fósforo)

Sulfato de potássio = 100/50 = 2.00   (Para o fornecimento de 1 kg de potássio)

1) D1 - 20:10:22 (kg/1000/m$^{2)}$

A. Suplemento de fósforo

Necessidade de fosfato de ureia = 10 × 2.272 = 22.72 kg/1000/m^2

B. Suplemento de azoto

Nitrogénio fornecido através de fosfato de ureia 100 kg de fosfato de ureia fornecem 17 kg de N, depois 22,72 kg de fosfato de ureia fornecem 'x'kg de N

$$X = (17 \times 22.72)/100 = 3.862 kg/1000m^2$$

$$X = 3.86 \ kg/1000/m^2$$

Necessidade real de N = 20 − 3.862 = 16.138 kg

Necessidade de ureia = 16.138 × 2.173 = 35.072 kg/1000m²

C. Suplemento de potássio

Necessidade de sulfato de potássio = 22 × 2 = 44 kg/1000m²

2) D2- 25:15:27 (kg/1000m) [2]

A. Suplemento de fósforo

Necessidade de fosfato de ureia =15 × 2.272 = 34.08 kg/1000m²

B. Suplemento de azoto

100 kg de fosfato de ureia fornecem 17 kg de N, então 34,08 g de fosfato de ureia fornecem 'x'g de N

$$X = (17 \times 34.08)/100 = 5.793 kg/1000m^2$$

$$X = 5.793 \ kg/1000m2$$

Necessidade real de N = 25 − 5.793 = 19.207 kg

Necessidade de ureia = 19,207 × 2.173 = 41.736 kg/1000m²

C. Suplemento de potássio

Necessidade de sulfato de potássio = 27 × 2 = 54 kg/1000m²

3) D3 - 30:20:32 (kg/1000 m^2) 30,20,32

A. Suplemento de fósforo

Necessidade de fosfato de ureia = 20 × 2.272 = 45.44 kg/1000m^2

B. Suplemento de azoto

100 kg de fosfato de ureia fornecem 17 kg de N, então 45,44 kg de fosfato de ureia fornecem 'X'g de N

$$X = (17 \times 45.44)/100 = 7.724 kg/1000m^2$$

$$X = 7.724 \ kg/1000m^2$$

Necessidade real de N = 30 − 7.724 = 22.276 kg

Necessidade de ureia = 22.276 × 2.173 = 48.405 kg/1000m^2

C. Suplemento de potássio

Necessidade de sulfato de potássio = 32 × 2 = 64 kg/1000m^2

Tabela 3.6: Fonte e quantidade de fertilizante usado para suplementar a dose recomendada de NPK/1000m^2

Fonte	1st dose	2nd dose	3rd dose
Ureia (kg)	35.072	41.736	48.405
Fosfato de ureia (kg)	22.72	34.08	45.44
Sulfato de potássio (kg)	44	54	64

3.4.3 ESTUFA COM VENTILAÇÃO NATURAL:

Para este ensaio de doutoramento, foi utilizada uma estufa com ventilação natural de 220 m^2 , instalada no Departamento de Horticultura da Universidade Sam Higginbottom de Agricultura, Tecnologia e Ciência de Prayagraj (Allahabad), U.P. A rede de nylon à prova de insectos de 50 malhas foi fixada desde o nível do solo até 3,0 m de altura em todos os dois lados da estrutura. Sobre a rede à prova de insectos, foram fixadas cortinas de plástico enroláveis, que podiam ser fechadas e abertas conforme necessário para ajustar manualmente o clima no interior da estufa.

3.4.4 ÉPOCA DE SEMENTEIRA DAS SEMENTES

[th]As sementes de pepino foram semeadas diretamente em estufas de ventilação natural, no Departamento de Horticultura da Universidade Sam Higginbottom de Agricultura, Tecnologia e Ciência de Prayagraj (Allahabad), U.P., a partir de 10 de novembro de 2017-2018 e 2018-2019, respetivamente.

3.4.5 ESPAÇAMENTO

Os três espaçamentos de 60 x 30 cm, 60 x 40 e 60 x 50 cm foram seguidos no pepino, de acordo com o ensaio experimental.

3.4.6 PODA E FORMAÇÃO

As plantas são conduzidas para cima, de modo a que o caule principal possa subir até ao arame suspenso através de um fio de polietileno. Os fios são fixados a 8 pés acima do solo. O fio de cada planta é amarrado alternativamente aos fios aéreos horizontais ou aos cabos de aço que correm ao longo do comprimento das fileiras ou sobre os canteiros. São retiradas todas as laterais que aparecem nos primeiros dois pés. A poda de cada planta baseia-se no vigor da planta e na carga de frutos. O desenvolvimento dos frutos depende da produção contínua de axilas foliares.

3.5.7 GESTÃO DAS CULTURAS

As plantas foram desbastadas 15 dias após a sementeira, deixando uma única planta saudável a uma distância prescrita. A cultura foi mantida livre de ervas daninhas e foram efectuadas três mondas manuais durante o período de crescimento da cultura em condições de estufa. Antes da monda manual, foi efectuada uma operação de sacha no período inicial de crescimento da cultura. A humidade adequada do solo e os nutrientes das plantas foram mantidos durante todo o período de crescimento da cultura. O solo em torno da base das plantas foi encharcado com Redomil (0,03%) para superar a incidência da podridão do colo. Bavistin (0,1%) foi pulverizado 3 vezes com um intervalo de 30 dias para controlar a doença do oídio e a incidência de pragas sugadoras. Dithane M-45 (0,3%) foi pulverizado uma vez para controlar a doença do míldio.

4.1 OBSERVAÇÕES REGISTADAS:

Para avaliar o impacto de vários tratamentos no crescimento, rendimento e qualidade do pepino partenocárpico cultivado em condições de estufa, foram registadas as seguintes observações.

4.1 CARACTERES DE CRESCIMENTO

4.1.1 ALTURA DA PLANTA (m):

A altura das plantas foi registada com a ajuda de uma fita métrica desde a base da planta até à sua ponta na altura da última colheita e o comprimento médio da planta foi calculado e expresso em metros.

4.1.2 ÁREA DA FOLHA (cm^2) :

Seleccionaram-se aleatoriamente cinco folhas maduras de cada uma das cinco plantas marcadas e mediu-se a área foliar total das cinco folhas com a ajuda do medidor de área foliar Systronics, calculando-se depois a média.

4.1.3 Calibre da haste (cm) :

A circunferência do caule de cinco plantas de pepino seleccionadas ao acaso foi medida com a ajuda de um compasso de calibre vernier na fase final da colheita. Os valores médios para cada tratamento foram então calculados e expressos em centímetros.

4.1.4 DIAS PARA O INÍCIO DO PRIMEIRO BOTÃO FLORAL (DAS):

Os dias de início do primeiro botão floral foram registados em cada tratamento e o número de dias foi contado a partir da data de sementeira direta do pepino em estufa.

4.2 CARACTERES QUANTITATIVOS:

4.2.1 DIAS DE COLHEITA DOS PRIMEIROS FRUTOS (DAS)

O número de dias necessários para a primeira colheita a partir da data de sementeira em cada tratamento foi registado como dias necessários para a primeira colheita de frutos.

4.2.2 NÚMERO DE FRUTOS / PLANTA:

O número de frutos adequados ao mercado colhidos em cinco plantas de pepino seleccionadas aleatoriamente foi registado em cada colheita e foi calculado o número médio de frutos por videira

4.2.3 COMPRIMENTO DO FRUTO (cm):

O comprimento de cinco frutos sãos seleccionados aleatoriamente na fase comercializável foi medido desde a extremidade da cabeça até à cicatriz da flor numa escala métrica em cada tratamento, tendo depois o comprimento médio dos frutos sido calculado e expresso em centímetros.

4.2.4 LARGURA DO FRUTO (cm)

A largura de cinco frutos sãos seleccionados aleatoriamente na fase comercializável foi medida com uma escala métrica em cada tratamento e, em seguida, a largura média dos frutos foi calculada e expressa em centímetros.

4.2.5 PESO DA FRUTA (g)

O peso de cinco frutos saudáveis seleccionados aleatoriamente de cada tratamento em cada repetição foi medido utilizando uma balança eletrónica, e o peso médio dos frutos foi registado e expresso em gramas (g).

4.2.6 RENDIMENTO / PLANTA (g):

Os frutos maduros foram colhidos periodicamente em cada tratamento separadamente e o peso foi registado com a ajuda de uma balança de prato único. Em seguida, o rendimento total médio foi calculado e expresso em quilogramas por planta.

4.2.7 RENDIMENTO / m ^{2}

O rendimento de frutos de tamanho comercializável por metro quadrado foi calculado multiplicando o rendimento médio de frutos por planta pelo número de plantas por metro quadrado e expresso em quilograma por metro quadrado.

4.3 CARACTERES QUALITATIVOS:

4.3.1 COR DOS FRUTOS:

A cor da casca do fruto saudável foi observada na fase comercializável por observação visual através de um painel de sete juízes e expressa em verde, verde claro, verde médio e verde escuro.

4.3.2 NÚMERO DE FRUTOS NÃO COMERCIALIZÁVEIS POR PLANTA:

A contagem do número de frutos não comercializáveis de cinco plantas seleccionadas aleatoriamente foi registada em cada colheita e foi calculado o número médio de frutos por videira

4.3.3 GRAVIDADE ESPECÍFICA DAS FRUTAS (g cm^{-3}) :

A gravidade específica de cinco frutos saudáveis seleccionados aleatoriamente de cada tratamento em cada repetição foi calculada pela seguinte fórmula:

$$\text{Specific gravity} = \frac{\text{Weight of the fruit (g)}}{\text{Volume of water displaced by the fruit (cc)}}$$

4.3.4 VOLUME DE FRUTOS (cc) :

O volume dos frutos foi medido pelo método de deslocamento de água, utilizando uma proveta com capacidade para 1000 ml. A média de cinco frutos de cada repetição foi calculada e expressa em centímetro cúbico (cc).

4.3.5 HUMIDADE (%) :

O teor de humidade dos frutos foi determinado tomando um peso conhecido de frutos frescos secos em estufa a 60° C até se obter um peso constante. O teor de humidade dos frutos foi calculado utilizando a seguinte fórmula

$$\text{Moisture\%} = \frac{\text{Fresh weight of fruits (g) - Dry weight of fruits (g)}}{\text{Fresh weight of fruits (g)}} \times 100$$

4.3.6 SÓLIDOS SOLÚVEIS TOTAIS (° Brix):

O sumo foi extraído do fruto fresco com a ajuda de um extrator manual e coado através de um pano de musselina. O sumo coado de cada amostra foi cuidadosamente agitado antes de ser registado. O teor de sólidos solúveis totais (SST) do sumo foi determinado com a ajuda de um refratómetro Erma-hand (0-32° Brix), em que uma gota de sumo de fruta foi colocada no prisma do refratómetro e a percentagem de SST foi registada diretamente e expressa em percentagem de acordo com o procedimento padrão indicado.

4.3.7 ACEITAÇÃO ORGANOLÉPTICA:

A aceitação organoléptica dos frutos frescos foi realizada por um painel de sete juízes imediatamente após a colheita dos frutos de cada tratamento, que atribuíram uma pontuação numa escala Headonic de *9,0* pontos (Amerine *et al. 1965)*. As observações foram registadas com base na pontuação relativa ao aroma, cor, sabor e aspeto geral dos frutos e classificadas da seguinte forma

PONTUAÇÃO ORGENOLÉPTICA **Número de classificação**	CLASSIFICAÇÃO
9	Como extremamente
8	Gosto muito
7	Como moderadamente
6	Como ligeiramente
5	Nem gosto nem não gosto
4	Não gosto ligeiramente
3	Não gosto moderadamente
2	Não gosto muito
1	Não gosto muito

4.4 ESTADO DOS NUTRIENTES NAS FOLHAS:

A amostra de folhas da planta, ou seja, a 5ª folha a partir do topo, foi recolhida 70 dias após a sementeira (ou seja, no período de frutificação máxima) de cada tratamento e seca na estufa a 70^0 C. Após a secagem, as amostras foram trituradas num moinho de amostras e os teores de N, P e K foram determinados utilizando os seguintes métodos padrão.

4.4.1 AZOTO TOTAL NA FOLHA (%)

O azoto total nas folhas secas foi estimado com o método do reagente de Nesler. A digestão da amostra foi efectuada com ácido sulfúrico concentrado. A cor preta foi removida com peróxido de hidrogénio a 30%. O volume da digestão ácida foi completado até 100 ml. Tomou-se uma alíquota de 5 ml da digestão ácida diluída e adicionaram-se 2 ml de hidróxido de sódio N e 1 ml de silicato de sódio a 10 % para neutralizar a acidez e evitar a turvação, respetivamente. De seguida, adicionou-se 1,5 ml de reagente de Nesler para desenvolver a cor. A transmitância da cor foi lida com a ajuda do colorímetro Bausch and Lamp Spectronic 20 a um comprimento de onda de 540 nm. O azoto total foi calculado por comparação com uma curva de calibração, preparada com uma solução-padrão de sulfato de amónio puro (Snell e Snell, 1955).

4.4.2 FÓSFORO TOTAL NA FOLHA (%)

O fósforo foi determinado por digestão húmida das amostras com uma mistura tri-ácida (ácido nítrico, ácido sulfúrico e ácido perclórico na proporção de 10:1:3) e estimado para os seus constituintes. O fósforo foi determinado no espetrómetro 20 utilizando o método do amarelo fosfórico de Vanadomolybdo em ácido nítrico (Jackson,1973).

4.4.3 POTÁSSIO TOTAL NA FOLHA (%)

O potássio foi determinado por digestão húmida das amostras com uma mistura tri-ácida (ácido nítrico, ácido sulfúrico e ácido perclórico na proporção de 10: 1 :3) e estimado para os seus constituintes

Potássio (%): A análise de uma alíquota adequada de material digerido húmido foi feita com a ajuda de um fotómetro de chama (Richards, 1968).

4.5 ECONOMIA:

A fim de avaliar o tratamento mais rentável, a economia dos diferentes tratamentos foi calculada em termos de rendimento líquido, rendimento líquido relativo em relação ao controlo e rendimento líquido por rupia de investimento. No cálculo da economia, apenas o rendimento dos frutos foi considerado como valor económico. Em primeiro lugar, calculou-se o custo de cultivo e, em seguida, *estimou-se* o rendimento bruto *com base no rendimento* médio de frutos em kg *por 500 m²* por tratamento. Assim, o rendimento líquido foi obtido adoptando o seguinte procedimento:

Rendimento líquido = Rendimento bruto - Custo total de cultivo (Rs por 1000 m² .)

O rendimento líquido relativo em relação ao controlo foi estimado para descobrir o tratamento economicamente viável. O custo de cultivo inclui o dinheiro gasto na preparação do campo, sementes, adubos orgânicos, fertilizantes químicos, sementeira, transplante, custos de tratamento, irrigação, sacha e monda, medidas de proteção das plantas, aluguer de estufas, colheita e transporte, etc.

4.6 ANÁLISE ESTATÍSTICA

A experiência foi organizada num esquema de blocos aleatórios factoriais (FRBD) com 27 tratamentos, cada um replicado três vezes. Os dados registados durante o curso da investigação foram submetidos a uma análise estatística de acordo com o método de análise de variância (Fisher, 1968). A significância e a não significância do efeito do tratamento foram avaliadas com a ajuda do teste de razão de variância 'F'. O valor 'F' calculado (razão de variância) foi comparado com o valor 'F' da tabela a um nível de significância de 5%. Se o valor calculado excedesse o valor da tabela, o efeito era considerado significativo.

A diferença significativa entre as médias foi testada em relação à diferença crítica a um nível de significância de 5%.

$$= \quad \underline{2\,EMSS}$$

C.D. a 5% = S Ed. x t erro grau de liberdade a 5%

Esqueleto da tabela ANOVA:

Fonte de variação	d. f.	S.S.	M.S.S.	F(cal)	F(tab) (0,05)	Resultado
Devido à replicaçã o	r-1	S.S.R	SSR/(r-1)	MSSR/MSSE		
Devido a V (Variety)	n-1	SS.V	SSV/(n-1)	MSSL/MSSE		
Devido a D (Doses de fertilizant es)	f-1	S.S.D	SSD/(f-1)	MSSF/MSSE		
Devido a P (geometri a da planta)	a-1	S.S.P	SSP/(a-1)	MSSA/MSSE		
Devido à interação						
(V×D)	(n-1)(f-1)	S.S.(VD)	S.S.(VD)/ (1-1)(f-1)	MSSLF/MSSE		
(D×P)	(n-1)(a-1)	S.S.(DP)	S.S.(DP)/(1-1)(a-1)	MSSLA/MSSE		

(V×P)	(f-1)(a-1)	S.S.(VP)	S.S.(VP)/(f-1)(a-1)	MSSFA/MSSE		
(V×D×P)	(n-1)(f-1)(a-1)	S.S.(VDP)	S.S.(VDP)/(1-1)(f-1)(a-1)	MSSLFA/MSSE		
Devido a erro	(r-1)(t-1)	S.S.E	SSE/(r-1)(lfa-1)	-	-	-
Total	(rnfa-1)	TSS	-	-	-	-

Onde -

r = Replicação

T = Tratamento

T = Total

V = Nome de Verity

D = Doses de fertilizante

P = Geometria da planta

d. f. =grau de liberdade

 S.S.= soma dos quadrados

T.S.S. = soma total de quadrados

SSR= soma dos quadrados devidos à replicação

SSV = soma do quadrado devido a Verity

SSD = soma dos quadrados devidos às doses de adubo

SSP= soma dos quadrados devido à geometria da planta

SS (VDP) = soma dos quadrados devido à interação de Verity, fertilizantes NPK e geometria da planta

CAPÍTULO -4
RESULTADOS E DISCUSSÃO

O estudo intitulado **"Estudo sobre a geometria da planta, cultivar e doses de fertilizante no crescimento, rendimento e qualidade do pepino (*Cucumis sativus* L.) em condições protegidas"** foi realizado na Vegetable Research Farm SHUATS, Prayagraj, (Allahabad), U.P. durante 2017- 2018 e 2018-2019. O estudo foi realizado com 3 doses de fertilizante com 3 geometrias de plantas e 3 cultivares em condições de poly house, os resultados obtidos são discutidos. Toda a discussão sobre a cultivar, a geometria da planta e as doses de fertilizantes para a combinação de NPK no crescimento, rendimento e qualidade e de pepino partenocárpico em condições de policultura foi dividida nas seguintes cabeças

4.1 CARACTERÍSTICAS DE CRESCIMENTO VEGETATIVO

4.2 CARACTERÍSTICAS DAS FLORES

4.3 CARACTERÍSTICAS DE RENDIMENTO E DE ATRIBUIÇÃO DE RENDIMENTO

4.4 CARACTERÍSTICAS DE QUALIDADE

4.5 ESTADO NUTRICIONAL DAS FOLHAS DE PEPINO

4.6 **ECONOMIA**

4.1 CARACTERÍSTICAS DE CRESCIMENTO VEGETATIVO

Os dados relativos à altura da planta, perímetro do caule, área foliar, distância internodal e dias até ao primeiro botão floral são apresentados a seguir

4.1.1 Altura da planta (m)

Os dados relativos ao efeito de cultivares, espaçamento e dose de aplicação de fertilizante e os seus efeitos de interação na altura da planta de pepino partenocárpico em condições de estufa durante a estação de inverno são apresentados no Quadro 4.1 e na Fig. 4.1. A análise de variância é apresentada nos Apêndices I, II e III.

(a) Efeito das cultivares:

Os dados apresentados no Quadro 4.1 indicam que a altura da planta do pepino partenocárpico foi significativamente influenciada por vários tratamentos de cultivar durante ambos os anos de experimentação da estação de inverno; no entanto, com base na análise de dados agrupados, a altura máxima da planta (2,37 m) foi registada na cultivar V_2 (Pant Parthenocarpic Cucumber-3) em comparação com o mínimo (2,69 m) na cultivar V_1 (Pant Parthenocarpic Cucumber-2).

(b) Efeito do espaçamento:

Os dados apresentados na Tabela 4.1 indicaram que a altura da planta do pepino foi significativamente influenciada por vários tratamentos de espaçamento durante ambos os anos de experimentação. Os dados combinados mostraram que a altura máxima da planta (2,74 m) foi registada em P_3 (60 x 40 cm) e a altura mínima da planta (2,68 m) em P_1 (60 x 30 cm).

(c) Efeito da dose de aplicação de fertilizante:

Os dados apresentados na Tabela 4.1 mostram que a dose de aplicação de fertilizante teve um efeito significativo na altura da planta do pepino partenocárpico durante os dois anos de investigação. A altura máxima da planta (2,78 m) foi observada em D_3 (30:20:32 kg/1000m$^{2)}$ em comparação com o mínimo (2,68 m) em D_1 (20:10:22 kg/1000 m^2) com base na análise conjunta.

(d) Efeito de interação entre cultivares, espaçamento e dose de aplicação de fertilizantes:

O efeito de interação de cultivares, espaçamento e dose de aplicação de fertilizante apresentado na Tabela 4.2 mostrou um aumento significativo na altura da planta durante ambos os anos da experiência. Além disso, T V $D_{18\,233}$ P(PPC-3+30:20:32kg+ 60 X 50 cm) resultou na maior altura de planta (3.04 m). e foi seguido de perto por T V +$D_{17,\,232}$ +P(2.90 m) e este foi estatisticamente igual ao T_{18} No entanto, a altura mais baixa da planta (2,59 m) foi registada em V D P_{111} (PPC -2 + 20:10:22 kg + 60 X 30 cm) na base de dados agrupados.

Altura da planta (m)

Tabela 4.1: Efeito de cultivares, espaçamento e dose de aplicação de fertilizante no comprimento da videira de pepino partenocárpico em condições de estufa durante o inverno

Fator			2017-18	2018-19	Agrupado
Variedade (V)					
V_1	Pepino Pant -2	partenocárpico	2.63	2.74	2.69
V_2	Pepino Pant -3	partenocárpico	2.66	2.80	2.73
V_3	Hilton		2.67	2.80	2.73
	F - teste		S	S	S
	S. Ed. ($\pm$)		0.012	0.010	0.002
	CD a 5%		0.025	0.020	0.003
NPK ($kg/1000m^2$) (D)					
D_1	20:10:22 kg		2.58	2.77	2.68
D_2	25:15:27 kg		2.66	2.74	2.70
D_3	30:20:32 kg		2.72	2.83	2.78
	F - teste		S	S	S
	S.Ed. ($\pm$)		0.012	0.010	0.002
	CD a 5%		0.025	0.020	0.003
Geometria da planta (P)					
P_1	60 x 30		2.57	2.79	2.68
P_2	60 x 40		2.69	2.79	2.74
P_3	60 x 50		2.69	2.76	2.73
	F - teste		S	S	S

		0.012	0.010	0.002
S. Ed. (±)		0.012	0.010	0.002
CD a 5%		0.025	0.020	0.003

Quadro 4.2: Efeito da interação entre cultivares, espaçamento e dose de aplicação de fertilizante na altura das plantas de pepino partenocárpico em condições de estufa durante o inverno

Combinação de tratamentos		2017-18	2018-19	Agrupado
T_1	$V + D + P_{111}$	2.42	2.76	2.59
T_2	$V + D + P_{112}$	2.68	2.78	2.73
T_3	$V + D + P_{113}$	2.54	2.68	2.61
T_4	$V + D + P_{121}$	2.62	2.79	2.71
T_5	$V + D + P_{122}$	2.79	2.71	2.75
T_6	$V + D + P_{123}$	2.68	2.72	2.70
T_7	$V + D + P_{131}$	2.68	2.78	2.73
T_8	$V + D + P_{132}$	2.68	2.74	2.71
T_9	$V + D + P_{133}$	2.56	2.74	2.65
T_{10}	$V + D + P_{211}$	2.42	2.69	2.56
T_{11}	$V + D + P_{212}$	2.58	2.87	2.73
T_{12}	$V + D + P_{213}$	2.64	2.65	2.65
T_{13}	$V + D + P_{221}$	2.54	2.68	2.61
T_{14}	$V + D + P_{222}$	2.60	2.85	2.73
T_{15}	$V + D + P_{223}$	2.67	2.60	2.64
T_{16}	$V + D + P_{231}$	2.65	2.78	2.72
T_{17}	$V + D + P_{232}$	2.88	2.92	2.90
T_{18}	$V + D + P_{233}$	2.96	3.12	3.04
T_{19}	$V + D + P_{311}$	2.54	2.88	2.71
T_{20}	$V + D + P_{231}$	2.68	2.76	2.72
T_{21}	$V + D + P_{313}$	2.72	2.88	2.80

T_{22}	$V + D + P_{321}$	2.60	2.84	2.72
T_{23}	$V + D + P_{322}$	2.68	2.74	2.71
T_{24}	$V + D + P_{323}$	2.72	2.70	2.71
T_{25}	$V + D + P_{331}$	2.64	2.87	2.76
T_{26}	$V + D + P_{332}$	2.68	2.75	2.72
T_{27}	$V + D + P_{333}$	2.76	2.78	2.77
Interação (V x D x P)	F - teste	S	S	S
	S. Ed (±)	0.037	0.030	0.005
	CD. a 5%	0.075	0.061	0.010

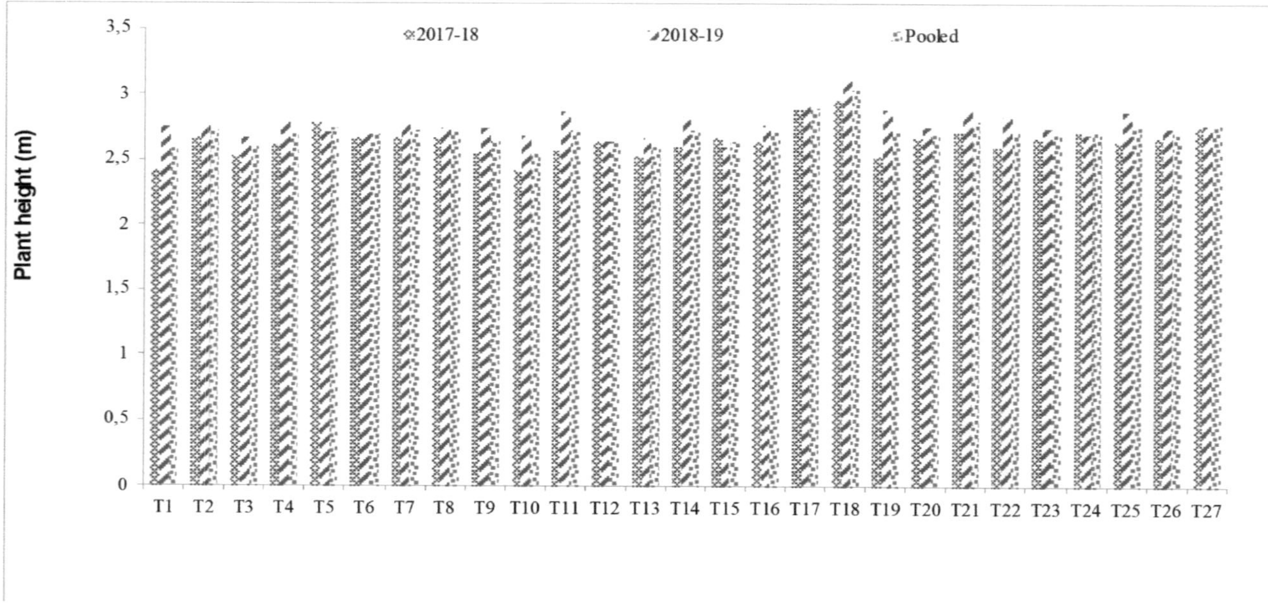

Fig 4.1: Efeito da interação entre cultivares, espaçamento e dose de aplicação de fertilizante na altura das plantas de pepino partenocárpico em condições de estufa durante o inverno.

4.1.2 Perímetro do caule (cm)

Os dados relativos ao efeito de cultivares, espaçamento e dose de aplicação de fertilizante e os seus efeitos de interação na circunferência do caule do pepino partenocárpico em condições de estufa durante a estação de inverno são apresentados no Quadro 4.3 e na Fig. 4.2. A análise de variância é apresentada nos Apêndices IV, V e VI

(a) Efeito das cultivares:

Os dados apresentados no Quadro 4.3 indicam que a circunferência do caule do pepino partenocárpico foi significativamente influenciada por várias cultivares durante ambos os anos de experiência da estação de inverno; no entanto, com base na análise de dados agrupados, a circunferência máxima do caule (0,80 cm) foi registada na cultivar V_2 (Pant Parthenocarpic Cucumber-3) em comparação com o mínimo (0,77 cm) na cultivar V_1 (Pant Parthenocarpic Cucumber-2).

(b) Efeito do espaçamento:

Os dados apresentados no Quadro 4.3 indicam que o perímetro do caule do pepino foi significativamente influenciado por vários tratamentos de espaçamento durante ambos os anos da experiência. Os dados combinados mostraram que a circunferência máxima do caule (0,79 cm) foi registada em P_3 (60x50 cm) e a circunferência mínima do caule (0,78 cm) em P_1 (60 x 30 cm).

(c) Efeito da dose de aplicação de fertilizante:

Os dados apresentados na Tabela 4.3 mostram que a dose de aplicação de fertilizante teve um efeito significativo na circunferência do caule do pepino partenocárpico durante os dois anos de investigação. A circunferência máxima do caule (0,81 cm) foi observada em D_3 (30:20:32 Kg/1000 m^2) em comparação com o mínimo (0,76 cm) em D_1 (20:10:22 Kg/1000 m^2) com base na análise conjunta.

(d) Efeito de interação entre cultivares, espaçamento e dose de aplicação de fertilizantes:

O efeito de interação de cultivares, espaçamento e dose de aplicação de fertilizante apresentado na Tabela 4.4 mostrou um perímetro significativo do caule durante ambos os anos da experiência. Além disso, T V D $_{18, 233}$ P(PPC -3 + 30:20:32 kg + 60 X 50 cm) resultou na maior circunferência do caule (0,85 cm). No entanto, a menor circunferência do caule (0,73 cm) foi registada em V D P$_{111}$ (PPC -2 + 20:10:22 kg + 60 X 30 cm) com base em dados agrupados.

Perímetro do caule (cm)

Tabela 4.3: Efeito de cultivares, espaçamento e dose de aplicação de fertilizante na circunferência do caule de pepino partenocárpico em condições de estufa durante o inverno

Fator			2017-18	2018-19	Agrupado
Variedade (V)					
V_1	Pepino partenocárpico Pant -2		0.76	0.77	0.77
V_2	Pepino partenocárpico Pant -3		0.79	0.81	0.80
V_3	Hilton		0.78	0.79	0.78
	F - teste		S	S	S
	S. Ed. (±)		0.002	0.003	0.002
	CD a 5%		0.004	0.005	0.004
NPK (kg/1000m^2) (D)					
D_1	20:10:22 kg		0.75	0.77	0.76
D_2	25:15:27 kg		0.77	0.79	0.78
D_3	30:20:32 kg		0.80	0.82	0.81
	F - teste		S	S	S
	S Ed. (±)		0.002	0.003	0.002
	CD a 5%		0.004	0.005	0.004

Geometria da planta (P)				
P_1	60 X 30	0.77	0.78	0.78
P_2	60 X 40	0.77	0.79	0.78
P_3	60X 50	0.78	0.80	0.79
	F - teste	S	S	S
	S. Ed. ($\pm$)	0.002	0.003	0.002
	CD a 5%	0.004	0.005	0.004

Tabela 4.4: Efeito da interação entre as cultivares, o espaçamento e a dose de aplicação de fertilizante na circunferência do caule do pepino partenocárpico em condições de estufa durante o inverno

Combinação de tratamentos		2017-18	2018-19	Agrupado
T_1	V +D +P_{111}	0.72	0.74	0.73
T_2	V +D +P_{112}	0.74	0.75	0.75
T_3	V +D +P_{113}	0.76	0.78	0.77
T_4	V +D +P_{121}	0.75	0.78	0.77
T_5	V +D +P_{122}	0.76	0.76	0.76
T_6	V +D +P_{123}	0.77	0.78	0.78
T_7	V +D +P_{131}	0.76	0.77	0.77
T_8	V +D +P_{132}	0.78	0.80	0.79
T_9	V +D +P_{133}	0.78	0.80	0.79
T_{10}	V +D +P_{211}	0.74	0.76	0.75
T_{11}	V +D +P_{212}	0.78	0.78	0.78
T_{12}	V +D +P_{213}	0.76	0.78	0.77
T_{13}	V +D +P_{221}	0.78	0.80	0.79
T_{14}	V +D +P_{222}	0.78	0.82	0.80
T_{15}	V +D +P_{223}	0.80	0.82	0.81
T_{16}	V +D +P_{231}	0.82	0.81	0.82
T_{17}	V +D +P_{232}	0.82	0.84	0.83

T_{18}	$V +D +P_{233}$	0.84	0.86	0.85
T_{19}	$V +D +P_{311}$	0.78	0.78	0.78
T_{20}	$V +D +P2_{31}$	0.73	0.74	0.74
T_{21}	$V +D +P_{313}$	0.76	0.78	0.77
T_{22}	$V +D +P_{321}$	0.77	0.78	0.78
T_{23}	$V +D +P_{322}$	0.77	0.76	0.77
T_{24}	$V +D +P_{323}$	0.78	0.78	0.78
T_{25}	$V +D +P_{331}$	0.79	0.82	0.81
T_{26}	$V +D +P_{332}$	0.80	0.82	0.81
T_{27}	$V +D +P_{333}$	0.80	0.82	0.81
Interação (V x D x P)	F - teste	S	S	S
	S. Ed. ($\pm$)	0.006	0.008	0.007
	CD. a 5%	0.011	0.016	0.013

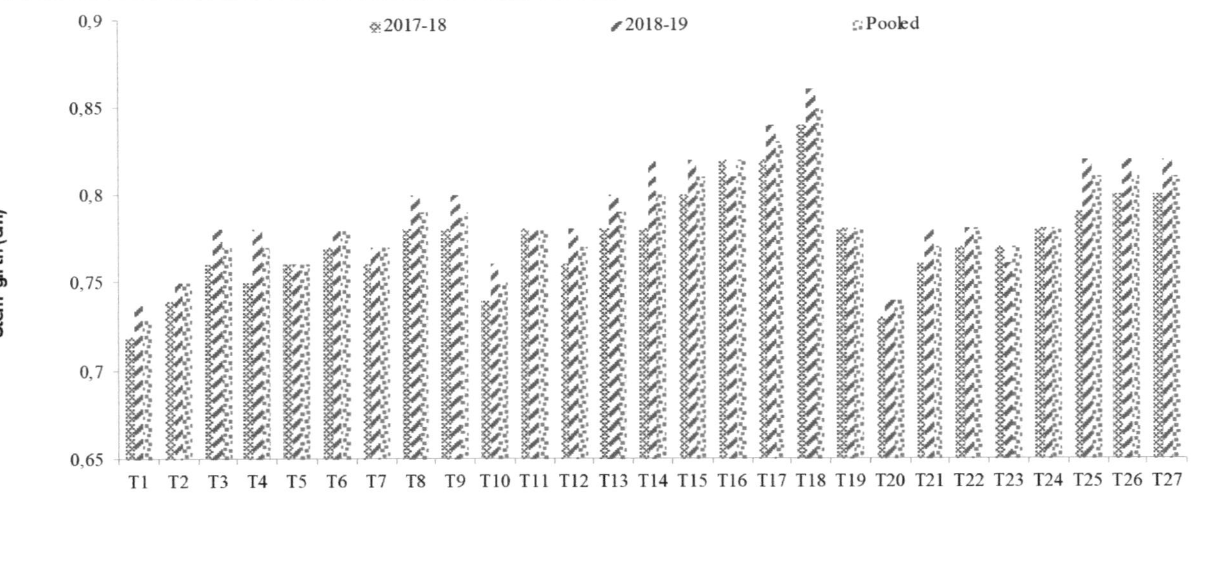

Fig 4.2: Efeito da interação entre as cultivares, o espaçamento e a dose de aplicação de fertilizante no perímetro do caule do pepino partenocárpico em condições de estufa durante o inverno

73

4.1.3 Área foliar (cm $)^2$

Os dados relativos ao efeito de cultivares, espaçamento e dose de aplicação de fertilizante e os seus efeitos de interação na área foliar de pepino partenocárpico em condições de estufa durante a estação de inverno são apresentados no Quadro 4.5 e na Fig. 4.3. A análise de variância é apresentada nos Apêndices VII, VIII e IX.

(a) Efeito das cultivares:

Os dados apresentados no Quadro 4.5 indicam que a área foliar do pepino partenocárpico foi significativamente influenciada por várias cultivares durante ambos os anos de experiência da estação de inverno; no entanto, com base na análise de dados agrupados, a área foliar máxima (412,34 cm^2) foi registada na cultivar V_2 (Pepino partenocárpico Pant-3) em comparação com a mínima (406,14 cm^2) na cultivar V_1 (Pepino partenocárpico Pant-2).

(b) Efeito do espaçamento:

Os dados apresentados na Tabela 4.5 indicam que a área foliar do pepino foi significativamente influenciada por vários tratamentos de espaçamento durante os dois anos de experiência. Os dados agrupados mostraram que a área foliar máxima (411,56 cm^2) foi registada em P_3 (60 x 50 cm) e a área foliar mínima (406,18 cm^2) em P_1 (60 x 30 cm).

(c) Efeito da dose de aplicação de fertilizante:

Os dados apresentados na Tabela 4.5 mostram que a dose de aplicação de fertilizante teve um efeito significativo na área foliar do pepino partenocárpico durante os dois anos de investigação. A área foliar máxima (412,27 cm^2) foi observada em D_3 (30:20:32 Kg/1000 m^2) em comparação com a mínima (406,55 cm^2) em D_1 (20:10:22 Kg/1000 m^2) com base na análise conjunta.

(d) Efeito de interação entre cultivares, espaçamento e dose de aplicação de fertilizantes:

O efeito da interação entre cultivares, espaçamento e dose de aplicação de fertilizante apresentado na Tabela 4.6 mostrou uma área foliar significativa durante os dois anos de experimento. Além disso, T V $D_{18,\ 233}$ P(PPC -3 + 30:20:32 kg + 60 X 50 cm) resultou na maior área foliar (422,60 cm^2). No entanto, a área foliar mais baixa (0,73 cm^2) foi registada em V D P$_{111}$ (PPC -2 + 20:10:22 kg + 60 X 30 cm) com base em dados agrupados.

Área foliar (cm)^2

Quadro 4.5: Efeito das cultivares, do espaçamento e da dose de aplicação de fertilizante na área foliar do pepino partenocárpico em condições de estufa durante o inverno

Fator			2017-18	2018-19	Agrupado
Variedade (V)					
V$_1$	Pepino	partenocárpico Pant -2	405.76	406.52	406.14
V$_2$	Pepino	partenocárpico Pant -3	411.16	413.52	412.34
V$_3$	Hilton		407.29	408.74	408.02
	F - teste		S	S	S
	S. Ed. ($\pm$)		0.10	0.12	0.01
	CD a 5%		0.21	0.24	0.03
NPK (kg/1000m^2) (D)					
D$_1$	20:10:22 kg		405.44	407.66	406.55
D$_2$	25:15:27 kg		407.11	408.24	407.68
D$_3$	30:20:32 kg		411.64	412.89	412.27
	F - teste		S	S	S
	S. Ed. ($\pm$)		0.10	0.12	0.01
	CD a 5%		0.21	0.24	0.03
Geometria da planta (P)					
P$_1$	60 X 30		405.42	406.94	406.18
P$_2$	60 X 40		408.22	409.29	408.76
P$_3$	60X 50		410.56	412.56	411.56
	F - teste		S	S	S
	S. Ed. ($\pm$)		0.31	0.35	0.04

CD a 5%		0.64	0.71	0.09

Quadro 4.6: Efeito da interação entre cultivares, espaçamento e dose de aplicação de fertilizante na área foliar do pepino partenocárpico em condições de estufa durante o inverno

Combinação de tratamentos		2017-18	2018-19	Agrupado
T_1	$V +D +P_{111}$	402.40	402.80	402.60
T_2	$V +D +P_{112}$	404.60	404.80	404.70
T_3	$V +D +P_{113}$	406.40	406.60	406.50
T_4	$V +D +P_{121}$	402.60	403.60	403.10
T_5	$V +D +P_{122}$	404.80	406.80	405.80
T_6	$V +D +P_{123}$	406.80	408.80	407.80
T_7	$V +D +P_{131}$	404.60	405.80	405.20
T_8	$V +D +P_{132}$	408.80	406.70	407.75
T_9	$V +D +P_{133}$	410.80	412.80	411.80
T_{10}	$V +D +P_{211}$	404.20	408.70	406.45
T_{11}	$V +D +P_{212}$	406.60	410.20	408.40
T_{12}	$V +D +P_{213}$	408.80	412.40	410.60
T_{13}	$V +D +P_{221}$	406.60	408.20	407.40
T_{14}	$V +D +P_{222}$	410.80	410.90	410.85
T_{15}	$V +D +P_{223}$	412.20	412.80	412.50
T_{16}	$V +D +P_{231}$	414.20	414.80	414.50
T_{17}	$V +D +P_{232}$	416.60	418.90	417.75
T_{18}	$V +D +P_{233}$	420.40	424.80	422.60
T_{19}	$V +D +P_{311}$	402.80	404.80	403.80
T_{20}	$V +D +P_{231}$	404.80	406.40	405.60
T_{21}	$V +D +P_{313}$	408.40	412.20	410.30
T_{22}	$V +D +P_{321}$	404.60	404.90	404.75
T_{23}	$V +D +P_{322}$	406.80	408.20	407.50

T$_{24}$	V +D +P$_{323}$	408.80	410.00	409.40
T$_{25}$	V +D +P$_{331}$	406.80	408.90	407.85
T$_{26}$	V +D +P$_{332}$	410.20	410.70	410.45
T$_{27}$	V +D +P$_{333}$	412.40	412.60	412.50
Interação (Vx D x P)	F - teste	S	S	S
	S. Ed. ($\pm$)	0.31	0.35	0.04
	C. D. a 5%	0.64	0.71	0.09

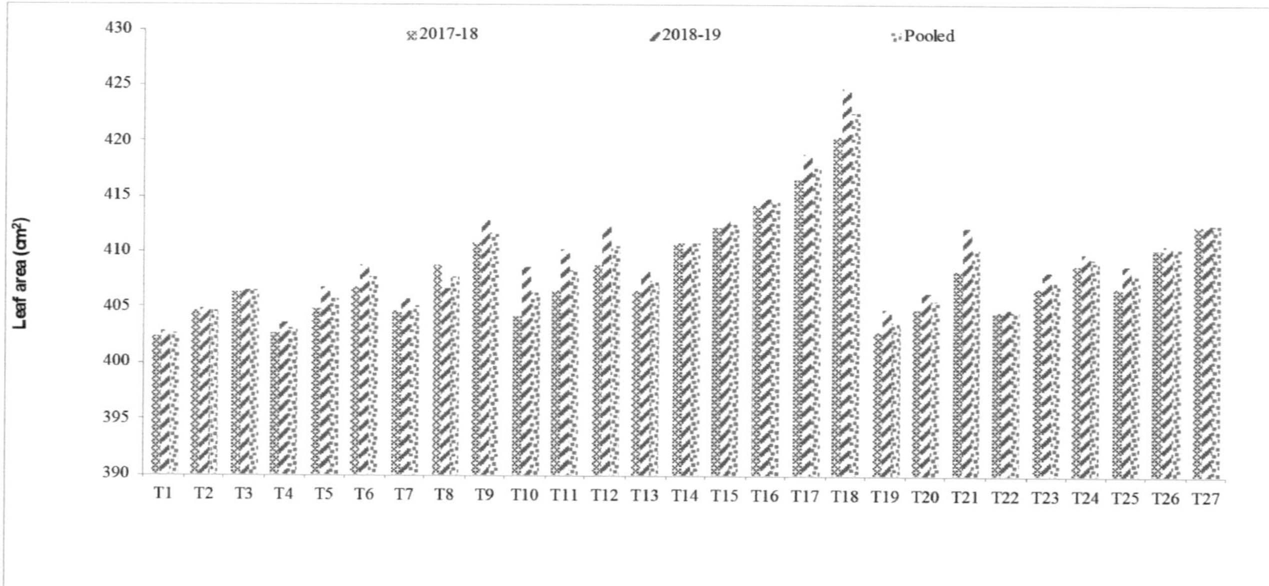

Fig. 4.3: Efeito de interação de cultivares, espaçamento e dose de aplicação de fertilizante na área foliar de pepino partenocárpico em condições de estufa durante a estação de inverno

78

4.1.4 Distância internodal (cm)

Os dados relativos ao efeito de cultivares, espaçamento e dose de aplicação de fertilizante e os seus efeitos de interação na distância internodal (cm) de pepino partenocárpico em condições de estufa durante a estação de inverno são apresentados no Quadro 4.7 e na Fig. 4.4. A análise de variância é apresentada nos Apêndices X, XI e XII

(a) Efeito das cultivares:

Os dados apresentados na Tabela 4.7 mostram que a distância internodal do pepino partenocárpico foi significativamente influenciada por vários tratamentos de cultivar durante ambos os anos de experimentação da estação de inverno. No entanto, com base na análise de dados agrupados, a distância internodal máxima (8,47 cm) foi registada na cultivar V_1 (Pant Parthenocarpic Cucumber-2) em comparação com a distância internodal mínima (8,34 cm) na cultivar V_3 (Hilton).

(b) Efeito do espaçamento:

Os dados apresentados na Tabela 4.7 indicaram que a distância internodal do pepino foi significativamente influenciada por vários tratamentos de espaçamento durante ambos os anos de experimentação. Os dados agrupados mostraram que a distância internodal mínima (8,33 cm) foi registada em P_3 (60 x 40 cm) e a distância internodal máxima (8,48 cm) em P_1 (60 x 30 cm).

(c) Efeito da dose de aplicação de fertilizante:

Os dados apresentados na Tabela 4.7 mostram que a dose de aplicação de fertilizante teve um efeito significativo na distância internodal do pepino partenocárpico durante os dois anos de investigação, a distância internodal mínima (8,27 cm) foi observada em D_3 (30:20:32 kg/1000m^2) em comparação com a distância internodal máxima (8,51 cm) em D_1 (20:10:22 kg/1000 m^2) com base na análise agrupada.

(d) Efeito de interação entre cultivares, espaçamento e dose de aplicação de fertilizantes:

O efeito de interação de cultivares, espaçamento e dose de aplicação de fertilizante apresentado na Tabela 4.8 mostrou um aumento significativo na distância internodal durante ambos os anos da experiência. Além disso, T V $D_{27\,333}$ P(Hilton+30:20:32 kg +60x50 cm) resultou em distância internodal mínima (8,11 cm) e foi seguido de perto por T V +D$_{18, 233}$ +P(8.12 cm) e este foi estaticamente igual ao T$_{27}$ No entanto, a distância internodal mais elevada (8,65 cm) foi registada em V D P$_{111}$ (PPC -2 + 20:10:22 kg + 60 X 30 cm) com base em dados agrupados.

Quadro 4.7: Efeito das cultivares, do espaçamento e da dose de aplicação de fertilizante na distância internodal do pepino partenocárpico em condições de estufa durante o inverno

Fator			2017-18	2018-19	Agrupado
Variedade (V)					
V$_1$	Pepino Pant -2	partenocárpico	8.50	8.44	8.47
V$_2$	Pepino Pant -3	partenocárpico	8.41	8.36	8.38
V$_3$	Hilton		8.37	8.32	8.34
	F - teste		S	S	S
	S Ed. (±)		0.015	0.025	0.020
	CD a 5%		0.031	0.051	0.041
NPK (kg/1000m²) (D)					
D$_1$	20:10:22 kg		8.54	8.49	8.51
D$_2$	25:15:27 kg		8.44	8.38	8.41
D$_3$	30:20:32 kg		8.30	8.25	8.27
	F - teste		S	S	S
	S. Ed. (±)		0.015	0.025	0.020
	CD a 5%		0.031	0.051	0.041
Geometria da planta (P)					
P$_1$	60 X 30		8.51	8.45	8.48
P$_2$	60 X 40		8.42	8.36	8.39
P$_3$	60X 50		8.35	8.31	8.33
	F - teste		S	S	S
	S. Ed. (±)		0.015	0.025	0.020
	CD a 5%		0.031	0.051	0.041

Quadro 4.8: Efeito da interação entre as cultivares, o espaçamento e a dose de aplicação de fertilizante na distância internodal do pepino partenocárpico em condições de estufa durante o inverno

Combinação de tratamentos		2017-18	2018-19	Agrupado
T_1	$V+D+P_{111}$	8.68	8.62	8.65
T_2	$V+D+P_{112}$	8.57	8.51	8.54
T_3	$V+D+P_{113}$	8.51	8.47	8.49
T_4	$V+D+P_{121}$	8.59	8.52	8.56
T_5	$V+D+P_{122}$	8.48	8.41	8.45
T_6	$V+D+P_{123}$	8.42	8.36	8.39
T_7	$V+D+P_{131}$	8.47	8.39	8.43
T_8	$V+D+P_{132}$	8.41	8.36	8.39
T_9	$V+D+P_{133}$	8.38	8.32	8.35
T_{10}	$V+D+P_{211}$	8.63	8.58	8.61
T_{11}	$V+D+P_{212}$	8.52	8.47	8.50
T_{12}	$V+D+P_{213}$	8.47	8.42	8.45
T_{13}	$V+D+P_{221}$	8.51	8.42	8.47
T_{14}	$V+D+P_{222}$	8.42	8.36	8.39
T_{15}	$V+D+P_{223}$	8.36	8.32	8.34
T_{16}	$V+D+P_{231}$	8.38	8.31	8.35
T_{17}	$V+D+P_{232}$	8.27	8.22	8.25
T_{18}	$V+D+P_{233}$	8.12	8.11	8.12
T_{19}	$V+D+P_{311}$	8.58	8.52	8.55
T_{20}	$V+D+P2_{31}$	8.48	8.42	8.45
T_{21}	$V+D+P_{313}$	8.42	8.38	8.40
T_{22}	$V+D+P_{321}$	8.47	8.42	8.45
T_{23}	$V+D+P_{322}$	8.38	8.32	8.35
T_{24}	$V+D+P_{323}$	8.32	8.26	8.29
T_{25}	$V+D+P_{331}$	8.31	8.24	8.28
T_{26}	$V+D+P_{332}$	8.24	8.18	8.21
T_{27}	$V+D+P_{333}$	8.11	8.11	8.11

Interação	F - teste	NS	NS	NS
(Vx D x P)	S. Ed. (±)	0.046	0.075	0.060
	CD. a 5%	0.094	0.153	0.123

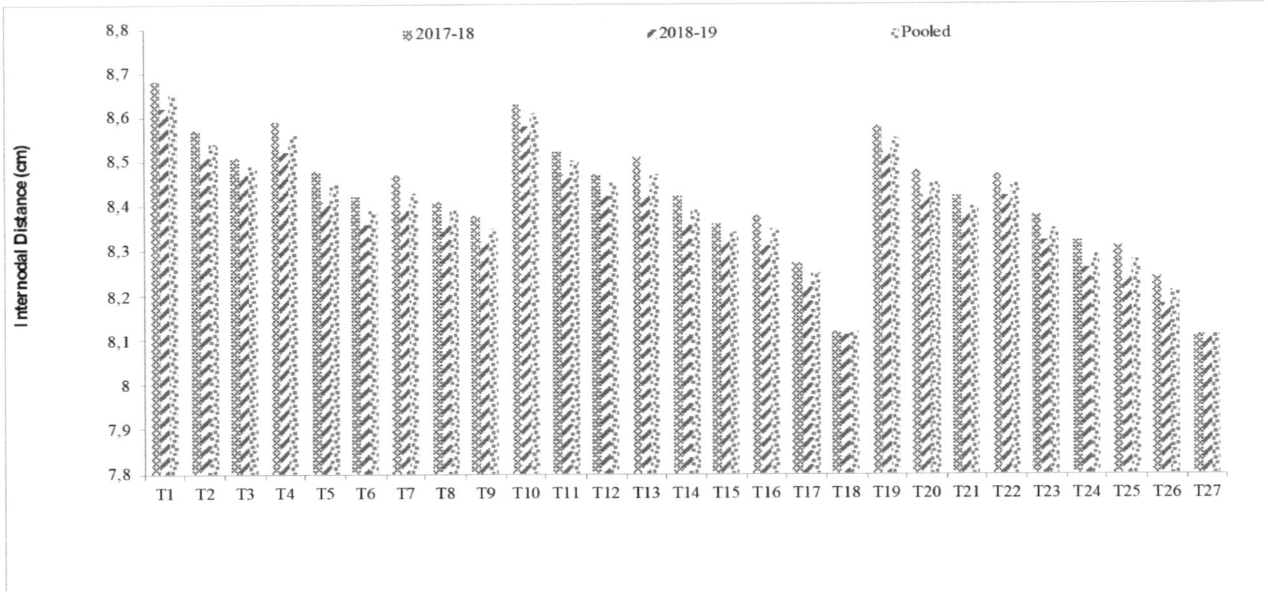

Fig. 4.4: Efeito de interação de cultivares, espaçamento e dose de aplicação de fertilizante na distância internodal de pepino partenocárpico em condições de estufa durante a estação de inverno

83

Os resultados acima mencionados revelaram que o efeito das cultivares tem uma influência significativa na altura da planta, perímetro do caule, área foliar e distância internodal do pepino em condições de estufa. A altura máxima da planta (2,73 m), a circunferência do caule (0,80 cm), a área foliar (412,34 cm^2) e a distância internodal (41,14 cm) foram medidas no pepino Pant Parthenocarpic -3 (Tabela 4.1, 4.3, 4.5 e 4.7). Isto deveu-se à composição genética das cultivares. No entanto, o ambiente de estufa favorece o crescimento das linhas, modificando o ambiente natural e as condições microclimáticas que rodeiam as plantas (Abraham *et.al.)* 2002), Arora *et.al.* (2006) e Singh *et. al* (2002) relataram resultados semelhantes no tomate em condições protegidas.

A geometria da planta afectou significativamente a altura da planta, a circunferência do caule, a área foliar e a distância internodal do pepino (Quadro 4.1, 4.3, 4.5 e 4.7). Plantas em espaçamento maior (60 x 50 cm) deram altura máxima de planta (2,74 m), circunferência do caule (0,79 cm), área foliar (411,56 cm^2), e distância internodal (8,33 cm) do que espaçamento mais próximo (60 x30 cm). Isto pode dever-se à disponibilidade de mais espaço para as plantas. Foi registado um aumento linear significativo do comprimento da videira principal, da circunferência do caule, da área foliar e da distância internodal com o aumento do espaçamento. Os presentes resultados são apoiados pelos resultados de Ban *et. al.* (2006) e Maynard e Scott (1998) em melões.

Os resultados obtidos sobre o efeito da dose de aplicação de fertilizante na altura da planta, perímetro do caule, área foliar e distância internodal do pepino indicaram que todos os caracteres foram significativamente influenciados (Tabela 4.1, 4.3, 4.5 e 4.7). A dose máxima de aplicação de fertilizantes combinada com NPK de pepino sustenta adequadamente um crescimento vegetativo e reprodutivo favorável em comparação com a dose mínima de aplicação de fertilizantes. Estes resultados estão de acordo com as conclusões de AI-Jaloud *et al.* (1999).

O efeito de interação de cultivares, espaçamento e dose de aplicação de fertilizantes no comprimento da videira de pepino durante a estação de inverno teve um efeito significativo (Tabela 4.2, 4.4, 4.6 e 4.8). A altura máxima da planta (3,04 m) foi registada no tratamento T_{18} , V S P_{233} (PPC-3+30:20:32kg+ 60X50 cm). Considerando que, todas estas interacções influenciaram significativamente a circunferência do caule, a área foliar e a distância internodal do pepino durante o inverno (Apêndice X, XI e XII).

Uma leitura dos dados apresentados na (Tabela 4.1, 4.3, 4.5 e 4.7) indicou claramente que a cultivar PPC-3 (V_2) exibiu significativamente maior altura da planta, perímetro do caule, área foliar, distância internodal (3,04 m, 0,85 cm, 422,60 cm^2 e 8,11cm), respetivamente no espaçamento S_3 (60 x 50 cm) em comparação com S_1 (60 x 30 cm), juntamente com a dose máxima de aplicação de fertilizantes D_3 . Esta diferença no desempenho varietal do pepino durante o inverno pode dever-se a características varietais. Singh *et al.* (2005) referiram que as cultivares de pepino Isatis e Kian são ideais para o cultivo no inverno.

4.2 CARACTERÍSTICAS DAS FLORES

4.2.1 Dias para o início do primeiro botão floral (DAS)

Os dados relativos ao efeito de cultivares, espaçamento e dose de aplicação de fertilizante e os seus efeitos de interação nos dias para a iniciação do primeiro botão de flor do pepino partenocárpico em condições de estufa durante a estação de inverno são apresentados no Quadro 4.9 e na Fig. 4.5. A análise de variância é apresentada nos Apêndices XIII, XIV e XV.

(a) Efeito das cultivares:

Os dados apresentados no Quadro 4.9 indicam que os dias para a iniciação do primeiro botão floral do pepino partenocárpico foram significativamente influenciados por várias cultivares durante ambos os anos de experiência da estação de inverno; no entanto, com base na análise de dados agrupados, registou-se um mínimo de dias para a iniciação do primeiro botão floral (42,14 DAS) na cultivar V_2 (Pant Parthenocarpic Cucumber-3) em comparação com o máximo de dias para a iniciação do primeiro botão floral (42,95 DAS) na cultivar V_3 (Hilton).

(b) Efeito do espaçamento:

Os dados apresentados na Tabela 4.9 indicam que os dias para a iniciação do primeiro botão floral do pepino foram significativamente influenciados por vários tratamentos de espaçamento durante os dois anos de experiência. Os dados combinados mostraram que o mínimo de dias para a iniciação do primeiro botão floral (441,06 DAS) foi registado em P3 (60 x 50 cm) e o máximo de dias para a iniciação do primeiro botão floral (44,31) em Pl (60 x 30 cm).

(c) Efeito da dose de aplicação de fertilizante:

Os dados apresentados na Tabela 4.9 mostram que a dose de aplicação de fertilizante teve um efeito significativo nos dias para o início do primeiro botão de flor do pepino partenocárpico durante os dois anos de investigação. O mínimo de dias para o início do primeiro botão de flor (42,11 DAS) foi observado em D_3 (30:20:32 kg/1000 m^2) em comparação com o máximo (42,67 DAS) em D_2 (25:15:27 kg/1000 m^2) com base na análise conjunta.

(d) Efeito de interação entre cultivares, espaçamento e dose de aplicação de fertilizantes:

O efeito de interação de cultivares, espaçamento e dose de aplicação de fertilizante apresentado na Tabela 4.10 mostrou dias significativos para o início do primeiro botão de flor durante ambos os anos da experiência. Além disso, T_{18} , V D P_{233} (PPC -3 + 30:20:32 kg + 60 X 50 cm) resultou em dias mínimos para o início do primeiro botão de flor (39.35 DAS). No entanto, o máximo de dias para a iniciação do primeiro botão floral (43,75 DAS) foi registado em V D P_{111} (PPC -2 + 20:10:22 kg + 60 X 30 cm) com base em dados combinados.

Quadro 4.9: Efeito das cultivares, do espaçamento e da dose de aplicação de fertilizante nos dias para o início do primeiro botão floral do pepino partenocárpico em condições de estufa durante o inverno

Fator			2017-18	2018-19	Agrupado
Variedade (V)					
V_1	Pepino Pant -2	partenocárpico	42.47	42.18	42.32
V_2	Pepino Pant -3	partenocárpico	42.22	42.06	42.14
V_3	Hilton		43.04	42.86	42.95

		S	S	S
	F - teste	S	S	S
	S. Ed. ($\pm$)	0.096	0.110	0.103
	CD a 5%	0.196	0.223	0.209
NPK (kg/1000m^2) (D)				
D_1	20:10:22 kg	42.79	42.48	42.63
D_2	25:15:27 kg	42.72	42.62	42.67
D_3	30:20:32 kg	42.22	41.99	42.11
	F - teste	S	S	S
	S Ed. ($\pm$)	0.096	0.110	0.103
	CD a 5%	0.196	0.223	0.209
Geometria da planta (P)				
P_1	60 X 30	44.47	44.16	44.31
P_2	60 X 40	42.17	41.91	42.04
P_3	60X 50	41.10	41.02	41.06
	F - teste	S	S	S
	S. Ed. ($\pm$)	0.096	0.110	0.103
	CD a 5%	0.196	0.223	0.209

Quadro 4.10: Efeito da interação entre cultivares, espaçamento e dose de aplicação de fertilizante nos dias para o início do primeiro botão floral do pepino partenocárpico em condições de estufa durante o inverno

Combinação de tratamentos		2017-18	2018-19	Agrupado
T_1	V +D +P$_{111}$	44.40	43.10	43.75
T_2	V +D +P$_{112}$	42.20	42.10	42.15
T_3	V +D +P$_{113}$	41.00	41.00	41.00
T_4	V +D +P$_{121}$	44.30	44.20	44.25
T_5	V +D +P$_{122}$	42.10	42.10	42.10
T_6	V +D +P$_{123}$	41.00	41.00	41.00
T_7	V +D +P$_{131}$	44.10	44.00	44.05

T_8	V +D +P_{132}	42.10	41.10	41.60
T_9	V +D +P_{133}	41.00	41.00	41.00
T_{10}	V +D +P_{211}	44.50	44.20	44.35
T_{11}	V +D +P_{212}	42.60	42.30	42.45
T_{12}	V +D +P_{213}	41.30	41.10	41.20
T_{13}	V +D +P_{221}	44.40	44.20	44.30
T_{14}	V +D +P_{222}	42.20	42.10	42.15
T_{15}	V +D +P_{223}	41.30	41.20	41.25
T_{16}	V +D +P_{231}	44.30	44.10	44.20
T_{17}	V +D +P_{232}	40.00	40.00	40.00
T_{18}	V +D +P_{233}	39.40	39.30	39.35
T_{19}	V +D +P_{311}	44.80	44.60	44.70
T_{20}	V +D +P_{231}	42.70	42.40	42.55
T_{21}	V +D +P_{313}	41.60	41.50	41.55
T_{22}	V +D +P_{321}	44.80	44.50	44.65
T_{23}	V +D +P_{322}	42.90	42.60	42.75
T_{24}	V +D +P_{323}	41.50	41.70	41.60
T_{25}	V +D +P_{331}	44.60	44.50	44.55
T_{26}	V +D +P_{332}	42.70	42.50	42.60
T_{27}	V +D +P_{333}	41.80	41.40	41.60
Interação (Vx D x P)	F - teste	S	S	S
	S. Ed. ($\pm$)	0.289	0.329	0.309
	CD. a 5%	0.587	0.670	0.628

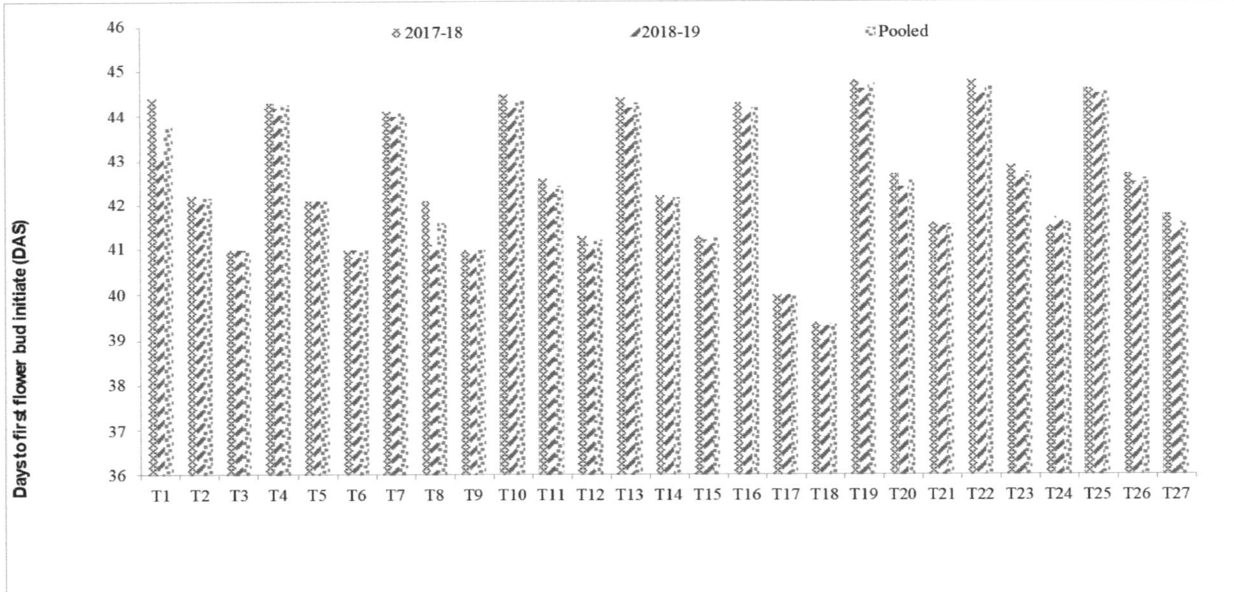

Fig 4.5: Efeitos da interação entre cultivares, espaçamento e dose de aplicação de fertilizante nos dias para o início do primeiro botão floral do pepino partenocárpico em condições de estufa durante o inverno

89

Os dados apresentados na Tabela 4.9 a 4.10 mostram claramente que o efeito de cultivares, espaçamento e dose de fertilizante, juntamente com seus efeitos de interação, influenciaram significativamente os dias mínimos para o início do primeiro botão de flor (42.13 DAS) foi relatado na cultivar V_2 (pepino Pant partenocárpico -2), espaçamento P_3 (41.06 DAS) que foi encontrado a par com o espaçamento P_2 e P_1 (42.04 e 44.31 DAS respetivamente) e com Fertirrigação dias mínimos necessários para a iniciação do primeiro botão de flor D_3, (42.11 DAS). O efeito de interação entre as cultivares, o espaçamento e a dose de fertilizante teve um efeito significativo nos dias mínimos necessários para a iniciação do botão floral do pepino. Os resultados da presente investigação estão em estreita conformidade com os resultados de Gulamuddin *et al.* (2006) em pepino e resultados semelhantes foram relatados por Suthar *et al.* (2006) em pepino cultivado em estufa.

4.3 CARACTERÍSTICAS DE RENDIMENTO E DE ATRIBUIÇÃO DE RENDIMENTO

4.3.1 Dias de colheita dos primeiros frutos (DAS)

Os dados relativos ao efeito de cultivares, espaçamento e dose de aplicação de fertilizante e os seus efeitos de interação nos dias para a primeira colheita de frutos de pepino partenocárpico em condições de estufa durante a estação de inverno são apresentados no Quadro 4.11 e na Fig. 4.6. A análise de variância é apresentada nos Apêndices XVI, XVII e XVIII.

(a) Efeito das cultivares:

Os dados apresentados no Quadro 4.11 indicam que os dias para a primeira colheita de frutos de pepino partenocárpico foram significativamente influenciados por várias cultivares durante ambos os anos de experiência da estação de inverno; no entanto, com base na análise de dados agrupados, os dias mínimos para a primeira colheita de frutos (55,42 DAS) foram registados na cultivar V_2 (Pant Parthenocarpic Cucumber-

3) em comparação com os dias máximos para a primeira colheita de frutos (57,35 DAS) na cultivar V_1 (Pant Parthenocarpic Cucumber-2).

(b) Efeito do espaçamento:

Os dados apresentados na Tabela 4.11 indicam que os dias para a primeira colheita de frutos de pepino foram significativamente influenciados por vários tratamentos de espaçamento durante ambos os anos da experiência. Os dados agrupados mostraram que o mínimo de dias para a primeira colheita de frutos (56,07 DAS) foi registado em P_3 (60 x 50 cm) e o máximo de dias para a primeira colheita de frutos (57,27 DAS) em P_1 (60 x 30 cm).

(c) Efeito da dose de aplicação de fertilizante:

Os dados apresentados na Tabela 4.11 mostram que a dose de aplicação de fertilizante teve um efeito significativo sobre os dias para a primeira colheita de frutos de pepino partenocárpico durante ambos os anos de investigação. dias mínimos para a primeira colheita de frutos (55,71 DAS) foram observados em D_3 (30:20:32 kg/1000 m^2) em comparação com o máximo de primeira colheita de frutos (57,22 DAS) em D_1 (20:10:22 kg /1000 m^2) com base na análise agrupada.

(d) Efeito de interação entre cultivares, espaçamento e dose de aplicação de fertilizantes:

O efeito de interação entre cultivares, espaçamento e dose de aplicação de fertilizante apresentado na Tabela 4.12 mostrou dias significativos para a primeira colheita de frutos durante ambos os anos da experiência. Além disso, $T_{18,}$ V D P_{233} (PPC-3 + 30:20:32 kg + 60 X 50 cm) resultou em dias mínimos para a primeira colheita de frutos (52,40 DAS). No entanto, o máximo de dias para a primeira colheita de frutos (58,25 DAS) foi registado em T V $D_{1, 111}$ P(PPC-2 + 20:10:22 kg + 60 X 30 cm) com base em dados combinados.

Quadro 4.11: Efeito das cultivares, do espaçamento e da dose de aplicação de fertilizante nos dias até à primeira colheita de frutos de pepino partenocárpico em condições de estufa durante o inverno

Fator			2017-18	2018-19	Agrupado
Variedade (V)					
V_1	Pepino Pant -2	partenocárpico	57.43	57.27	57.35
V_2	Pepino Pant -3	partenocárpico	55.62	55.22	55.42
V_3	Hilton		57.26	57.00	57.13
	F - teste		S	S	S
	S Ed. (±)		0.078	0.066	0.071
	CD a 5%		0.158	0.135	0.144
NPK (kg/1000m²) (D)					
D_1	20:10:22 kg		57.37	57.07	57.22
D_2	25:15:27 kg		57.11	56.83	56.97
D_3	30:20:32 kg		55.83	55.59	55.71
	F - teste		S	S	S
	S Ed. (±)		0.078	0.066	0.071
	CD a 5%		0.158	0.135	0.144
Geometria da planta (P)					
P_1	60 x 30		57.40	57.14	57.27
P_2	60 x 40		56.71	56.40	56.56
P_3	60 x 50		56.20	55.94	56.07
	F - teste		S	S	S
	S Ed. (±)		0.078	0.066	0.071
	CD a 5%		0.158	0.135	0.144

Quadro 4.12: Efeito da interação entre cultivares, espaçamento e dose de aplicação de fertilizante nos dias até à primeira colheita de frutos de pepino partenocárpico em condições de estufa durante o inverno

Combinação de tratamentos		2017-18	2018-19	Agrupado
T_1	$V +D +P_{111}$	58.30	58.20	58.25

T_2	$V + D + P_{112}$	57.80	57.40	57.60
T_3	$V + D + P_{113}$	57.60	57.20	57.40
T_4	$V + D + P_{121}$	58.20	58.00	58.10
T_5	$V + D + P_{122}$	57.40	57.20	57.30
T_6	$V + D + P_{123}$	57.20	57.10	57.15
T_7	$V + D + P_{131}$	57.20	57.10	57.15
T_8	$V + D + P_{132}$	57.00	56.80	56.90
T_9	$V + D + P_{133}$	56.20	56.40	56.30
T_{10}	$V + D + P_{211}$	57.20	57.00	57.10
T_{11}	$V + D + P_{212}$	56.20	55.80	56.00
T_{12}	$V + D + P_{213}$	56.00	55.60	55.80
T_{13}	$V + D + P_{221}$	57.00	56.40	56.70
T_{14}	$V + D + P_{222}$	56.20	56.00	56.10
T_{15}	$V + D + P_{223}$	55.80	55.20	55.50
T_{16}	$V + D + P_{231}$	55.40	55.00	55.20
T_{17}	$V + D + P_{232}$	54.20	53.80	54.00
T_{18}	$V + D + P_{233}$	52.60	52.20	52.40
T_{19}	$V + D + P_{311}$	58.20	57.80	58.00
T_{20}	$V + D + P2_{31}$	57.60	57.40	57.50
T_{21}	$V + D + P_{313}$	57.40	57.20	57.30
T_{22}	$V + D + P_{321}$	58.00	57.80	57.90
T_{23}	$V + D + P_{322}$	57.20	57.00	57.10
T_{24}	$V + D + P_{323}$	57.00	56.80	56.90
T_{25}	$V + D + P_{331}$	57.10	57.00	57.05
T_{26}	$V + D + P_{332}$	56.80	56.20	56.50
T_{27}	$V + D + P_{333}$	56.00	55.80	55.90
Interação (V x D x P)	F - teste	S	S	S
	S. Ed. ($\pm$)	0.233	0.199	0.212
	C D. a 5%	0.473	0.404	0.431

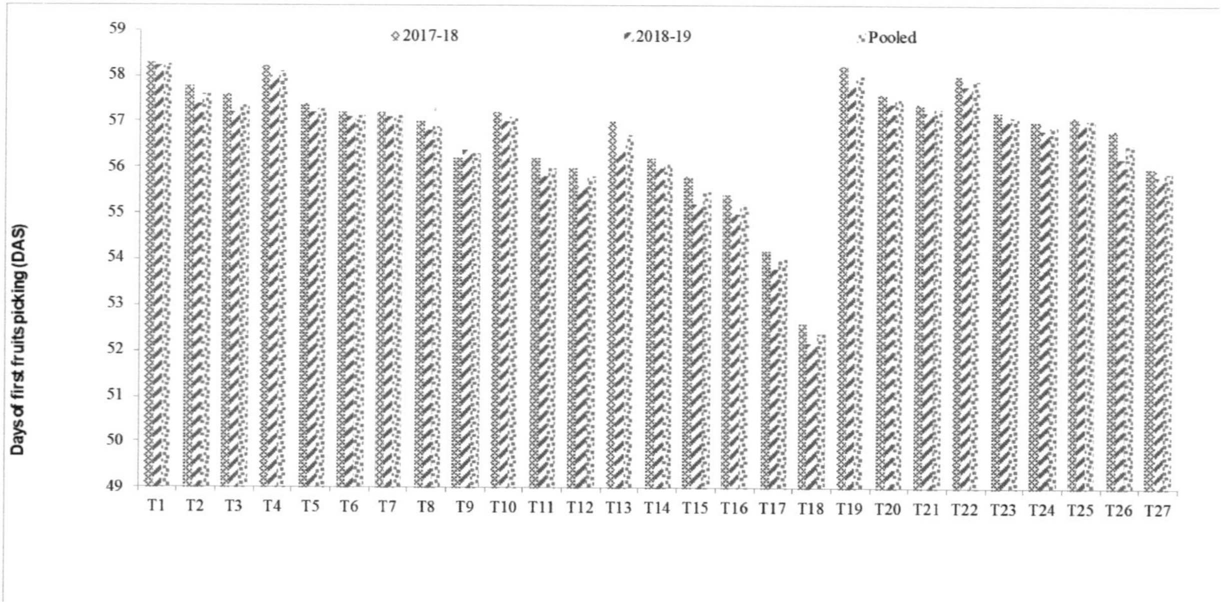

Fig 4.6 Efeito da interação entre cultivares, espaçamento e dose de aplicação de fertilizante nos dias até à primeira colheita de frutos de pepino partenocárpico em condições de estufa durante o inverno

94

4.3.2 Número de frutos por planta

Os dados referentes ao efeito de cultivares, espaçamento e dose de aplicação de fertilizante e seus efeitos de interação no número de frutos por planta de pepino partenocárpico em condições de estufa durante o inverno são apresentados na Tabela 4.13 e na Fig. 4.7. A análise de variância é apresentada nos Apêndices IX, XX e XXI.

(a) Efeito das cultivares:

Os dados apresentados na Tabela 4.13 indicam que o número de frutos por planta de pepino partenocárpico foi significativamente influenciado por várias cultivares durante ambos os anos de experimentação da estação de inverno; no entanto, com base na análise de dados agrupados, o número máximo de frutos por planta (21,89) foi registado na cultivar V_2 (Pant Parthenocarpic Cucumber-3) em comparação com o número mínimo de frutos por planta (19,78) na cultivar V_1 (Pant Parthenocarpic Cucumber-2).

(b) Efeito do espaçamento:

Os dados apresentados na Tabela 4.13 indicam que o número de frutos por planta de pepino foi significativamente influenciado por vários tratamentos de espaçamento durante os dois anos de experiência. Os dados combinados mostraram que o número máximo de frutos por planta (21,24) foi registado em P_3 (60 wx 50 cm) e o número mínimo de frutos por planta (20,18) em P_1 (60 x 30 cm).

(c) Efeito da dose de aplicação de fertilizante:

Os dados apresentados na Tabela 4.13 mostram que a dose de aplicação de fertilizante teve um efeito significativo no peso do número de frutos por planta do pepino partenocárpico durante os dois anos de investigação. O número máximo de frutos por planta (21,58) foi observado em D_3 (30:20:32 kg/1000 m^2) em comparação com o número mínimo de frutos por planta (19,91) em D_1 (20:10:22 kg /1000 m^2) com base na análise conjunta.

(d) Efeito de interação entre cultivares, espaçamento e dose de aplicação de fertilizantes:

O efeito da interação entre cultivares, espaçamento e dose de aplicação de fertilizante apresentado na Tabela 4.14 mostrou um número significativo de frutos por planta durante ambos os anos da experiência. Além disso, T_{18}, V D P_{233} (PPC-3 + 30:20:32 kg + 60 x 50 cm) resultou no número máximo de frutos por planta (24,80). No entanto, o número mínimo de frutos por planta (18,70) foi registado em T V $D_{1, 111}$ P(PPC-2 + 20:10:22 kg + 60 x 30 cm) com base em dados combinados.

Tabela 4.13: Efeito de cultivares, espaçamento e dose de aplicação de fertilizante no número de frutos por planta de pepino partenocárpico em condições de estufa durante o inverno

Fator			2017-18	2018-19	Agrupado
Variedade (V)					
V_1	Pepino partenocárpico		19.61	19.96	19.78
	Pant -2				
V_2	Pepino partenocárpico		21.56	22.23	21.89
	Pant -3				
V_3	Hilton		20.10	20.77	20.43
	F - teste		S	S	S
	S Ed. ($\pm$)		0.054	0.062	0.058
	CD a 5%		0.111	0.126	0.118
NPK (kg/1000m^2) (D)					
D_1	20:10:22 kg		19.58	20.24	19.91
D_2	25:15:27 kg		20.44	20.79	20.62
D_3	30:20:32 kg		21.24	21.92	21.58
	F - teste		S	S	S
	S Ed. ($\pm$)		0.054	0.062	0.058
	CD a 5%		0.111	0.126	0.118
Geometria da planta (P)					
P_1	60 x 30		19.87	20.50	20.18
P_2	60 x 40		20.43	20.94	20.69
P_3	60 x 50		20.97	21.51	21.24
	F - teste		S	S	S
	S. Ed. ($\pm$)		0.054	0.062	0.058

CD a 5%		0.111	0.126	0.118

Quadro 4.14: Efeito da interação entre cultivares, espaçamento e dose de aplicação de fertilizante no número de frutos por planta de pepino partenocárpico em condições de estufa durante o inverno

Combinação de tratamentos		2017-18	2018-19	Agrupado
T_1	V +D +P_{111}	18.50	18.90	18.70
T_2	V +D +P_{112}	19.10	19.60	19.35
T_3	V +D +P_{113}	19.20	19.70	19.45
T_4	V +D +P_{121}	18.90	19.20	19.05
T_5	V +D +P_{122}	19.80	19.90	19.85
T_6	V +D +P_{123}	20.10	20.50	20.30
T_7	V +D +P_{131}	19.90	20.30	20.10
T_8	V +D +P_{132}	20.20	20.60	20.40
T_9	V +D +P_{133}	20.80	20.90	20.85
T_{10}	V +D +P_{211}	19.50	20.70	20.10
T_{11}	V +D +P_{212}	20.40	21.10	20.75
T_{12}	V +D +P_{213}	21.10	21.50	21.30
T_{13}	V +D +P_{221}	21.30	21.80	21.55
T_{14}	V +D +P_{222}	21.50	21.90	21.70
T_{15}	V +D +P_{223}	21.80	22.30	22.05
T_{16}	V +D +P_{231}	21.90	22.60	22.25
T_{17}	V +D +P_{232}	22.20	22.90	22.55
T_{18}	V +D +P_{233}	24.30	25.30	24.80
T_{19}	V +D +P_{311}	18.90	19.70	19.30
T_{20}	V +D +$P2_{31}$	19.80	20.30	20.05
T_{21}	V +D +P_{313}	19.70	20.70	20.20
T_{22}	V +D +P_{321}	19.60	19.90	19.75
T_{23}	V +D +P_{322}	20.20	20.70	20.45
T_{24}	V +D +P_{323}	20.80	20.90	20.85
T_{25}	V +D +P_{331}	20.30	21.40	20.85

T_{26}	$V+D+P_{332}$	20.70	21.50	21.10
T_{27}	$V+D+P_{333}$	20.90	21.80	21.35
Interação (V x D x P)	F - teste	S	S	S
	S. Ed. ($\pm$)	0.163	0.187	0.175
	CD. a 5%	0.332	0.379	0.355

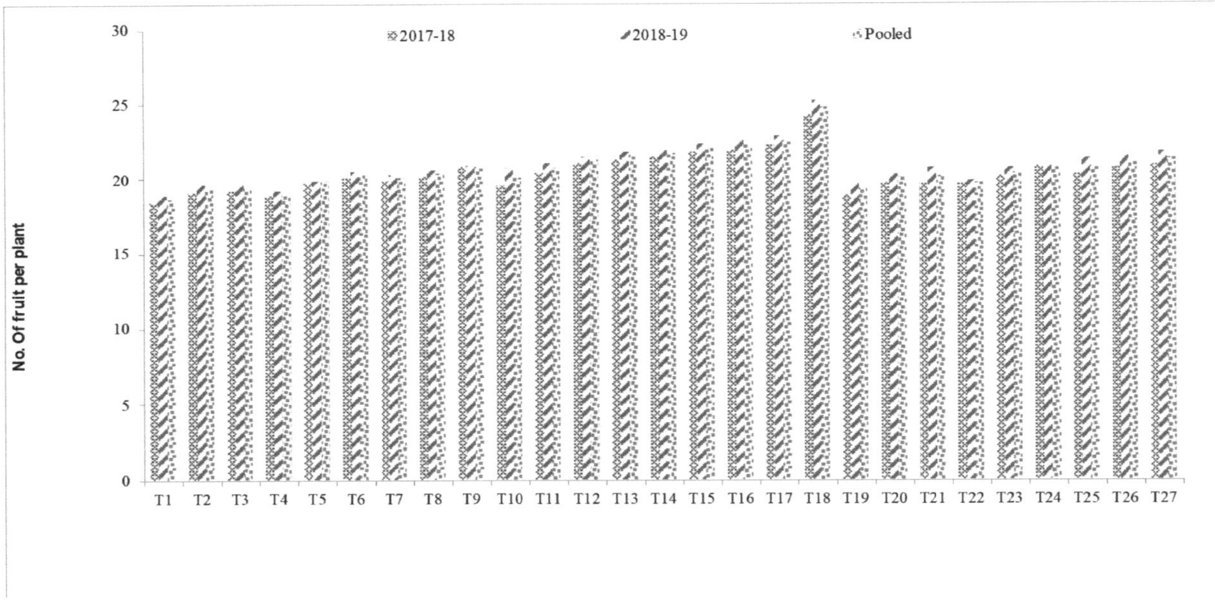

Fig. 4.7: Efeito da interação entre cultivares, espaçamento e dose de aplicação de fertilizante no número de frutos por planta de pepino partenocárpico em condições de estufa durante o inverno.

99

4.3.3 Número de frutos não comercializáveis por planta

Os dados relativos ao efeito de cultivares, espaçamento e dose de aplicação de fertilizante e seus efeitos de interação no número de frutos não comercializáveis por plantas de pepino partenocárpico em condições de estufa durante a estação de inverno são apresentados no Quadro 4.15 e na Fig. 4.8. A análise de variância é apresentada nos Apêndices XXII, XXIII e XXIV.

(a) Efeito das cultivares:

Os dados apresentados na Tabela 4.15 indicam que o número de frutos não comercializáveis por planta de pepino partenocárpico foi significativamente influenciado por vários tratamentos de cultivar durante ambos os anos de experimentação da estação de inverno. No entanto, com base na análise de dados agrupados, o número mínimo de frutos não comercializáveis por planta (1,46) foi registado na cultivar V_2 (Pant Parthenocarpic Cucumber-3) em comparação com o número máximo de frutos não comercializáveis por planta (1,85) na cultivar V_3 (Hilton).

(b) Efeito do espaçamento:

Os dados apresentados na Tabela 4.15 indicam que o número de frutos não comercializáveis por planta de pepino foi significativamente influenciado por vários tratamentos de espaçamento durante ambos os anos de experimentação. Os dados combinados mostraram que o número mínimo de frutos não comercializáveis por planta (1,51) foi registado em P_1 (60 x 30 cm) e o número máximo de frutos não comercializáveis por planta (1,84) em P_3 (60 x 50 cm).

(c) Efeito da dose de aplicação de fertilizante:

Os dados apresentados na Tabela 4.15 mostram que a dose de aplicação de fertilizante teve um efeito significativo no número de frutos não comercializáveis por planta de pepino partenocárpico durante os dois anos de investigação. O número mínimo de frutos não comercializáveis por planta (1,53) foi observado em D_3 (30:20:32 kg/1000 m^2) em comparação com o número máximo de frutos não comercializáveis por planta (1,81) em D_1 (20:10:22 kg /1000 m^2) com base na análise conjunta.

(d) Efeito de interação entre cultivares, espaçamento e dose de aplicação de fertilizantes:

O efeito da interação entre cultivares, espaçamento e dose de aplicação de fertilizante apresentado na Tabela 16 mostrou um número significativo de frutos não comercializáveis por planta durante os dois anos de experimentação. Além disso, T_{18}, V D P_{233} (PPC-3 + 30:20:32 kg + 60 X 50 cm) resultou em um número mínimo de frutos não comercializáveis por planta (1,10). No entanto, o número máximo de frutos não comercializáveis por planta (2,10) foi registado em T V $D_{27,333}$ P(Hilton + 30:20:32 kg + 60 X 50 cm) com base em dados combinados.

Quadro 4.15: Efeito de cultivares, espaçamento e dose de aplicação de fertilizante no número de frutos não comercializáveis por planta de pepino partenocárpico em condições de estufa durante o inverno

Fator			2017-18	2018-19	Agrupado
Variedade (V)					
V_1	Pepino Pant -2	partenocárpico	1.78	4.63	1.66
V_2	Pepino Pant -3	partenocárpico	1.56	4.07	1.46
V_3	Hilton		1.92	5.33	1.85
	F - teste		S	S	S
	S Ed. (±)		0.031	0.036	0.033
	CD a 5%		0.062	0.073	0.067
NPK (kg/1000m^2) (D)					
D_1	20:10:22 kg		1.91	5.13	1.81
D_2	25:15:27 kg		1.72	4.60	1.63
D_3	30:20:32 kg		1.62	4.30	1.53
	F - teste		S	S	S
	S Ed. (±)		0.031	0.036	0.033
	CD a 5%		0.062	0.073	0.067
Geometria da planta (P)					
P_1	60 x 30		1.59	4.27	1.51
P_2	60 x 40		1.71	4.60	1.62
P_3	60 x 50		1.96	5.17	1.84
	F - teste		S	S	S
	S Ed. (±)		0.031	0.036	0.033

CD a 5%		0.062	0.073	0.067

Quadro 4.16: Efeito da interação entre as cultivares, o espaçamento e a dose de aplicação de fertilizante no número de frutos não comercializáveis por planta de pepino partenocárpico em condições de estufa durante o inverno

Combinação de tratamentos		2017-18	2018-19	Agrupado
T_1	$V +D +P_{111}$	1.70	1.40	1.55
T_2	$V +D +P_{112}$	1.90	1.60	1.75
T_3	$V +D +P_{113}$	2.10	1.80	1.95
T_4	$V +D +P_{121}$	1.50	1.20	1.35
T_5	$V +D +P_{122}$	1.70	1.60	1.65
T_6	$V +D +P_{123}$	2.00	1.80	1.90
T_7	$V +D +P_{131}$	1.60	1.50	1.55
T_8	$V +D +P_{132}$	1.60	1.40	1.50
T_9	$V +D +P_{133}$	1.90	1.60	1.75
T_{10}	$V +D +P_{211}$	1.60	1.50	1.55
T_{11}	$V +D +P_{212}$	1.70	1.50	1.60
T_{12}	$V +D +P_{213}$	2.00	1.80	1.90
T_{13}	$V +D +P_{221}$	1.50	1.40	1.45
T_{14}	$V +D +P_{222}$	1.40	1.20	1.30
T_{15}	$V +D +P_{223}$	1.80	1.40	1.60
T_{16}	$V +D +P_{231}$	1.50	1.30	1.40
T_{17}	$V +D +P_{232}$	1.30	1.10	1.20
T_{18}	$V +D +P_{233}$	1.20	1.00	1.10
T_{19}	$V +D +P_{311}$	1.80	1.70	1.75
T_{20}	$V +D +P_{231}$	2.10	2.00	2.05
T_{21}	$V +D +P_{313}$	2.30	2.10	2.20
T_{22}	$V +D +P_{321}$	1.60	1.40	1.50
T_{23}	$V +D +P_{322}$	1.90	1.80	1.85

T_{24}	$V + D + P_{323}$	2.10	2.00	2.05
T_{25}	$V + D + P_{331}$	1.50	1.40	1.45
T_{26}	$V + D + P_{332}$	1.80	1.60	1.70
T_{27}	$V + D + P_{333}$	2.20	2.00	2.10
Interação (Vx D x P)	F - teste	S	S	S
	S. Ed. ($\pm$)	0.092	0.108	0.098
	CD. a 5%	0.186	0.219	0.200

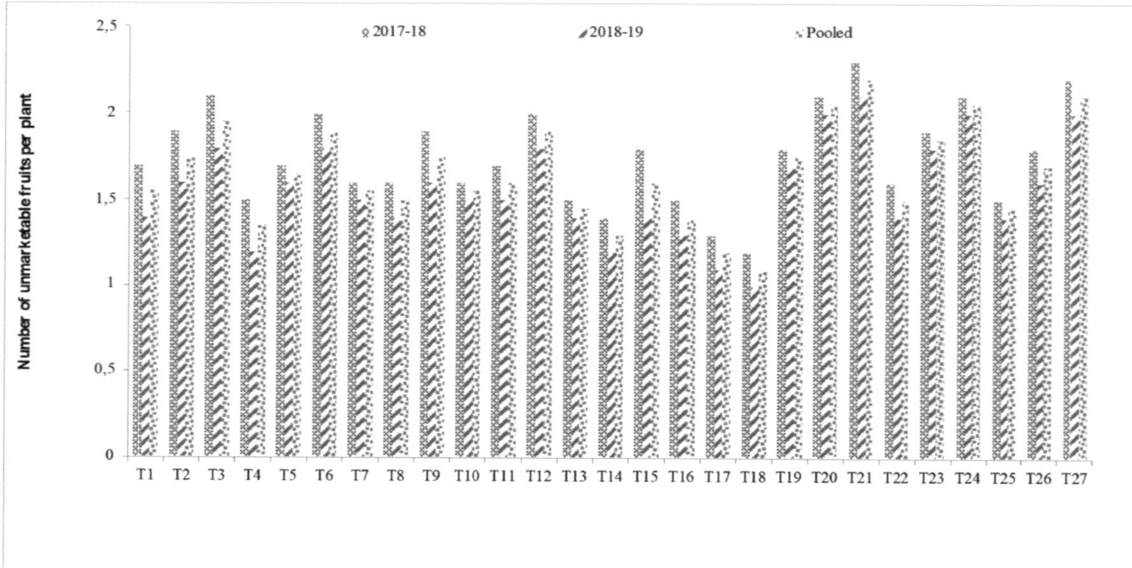

Fig 4.8: Efeito da interação entre cultivares, espaçamento e dose de aplicação de fertilizante no número de frutos não comercializáveis por planta de pepino partenocárpico em condições de estufa durante o inverno.

104

4.2.4 Peso do fruto (g)

Os dados relativos ao efeito de cultivares, espaçamento e dose de aplicação de fertilizante e os seus efeitos de interação no peso médio dos frutos (g) de pepino partenocárpico em condições de estufa durante a estação de inverno são apresentados no Quadro 4.17 e na Fig. 4.9. A análise de variância é apresentada nos Apêndices XXV, XXVI e XXVII.

(a) Efeito das cultivares:

Os dados apresentados na Tabela 4.17 indicam que o peso médio dos frutos do pepino partenocárpico foi significativamente influenciado por várias cultivares durante ambos os anos de experiência da estação de inverno, no entanto, com base na análise de dados agrupados, o peso máximo dos frutos (116,41 g) foi registado na cultivar V_2 (Pepino partenocárpico do Pant-3) em comparação com o peso mínimo dos frutos (116,11) na cultivar V_1 (Pepino partenocárpico do Pant-2).

(b) Efeito do espaçamento:

Os dados apresentados na Tabela 4.17 indicam que o peso médio dos frutos do pepino foi significativamente influenciado por vários tratamentos de espaçamento durante ambos os anos da experiência. Os dados combinados mostraram que o peso médio máximo dos frutos (118,45 g) foi registado em P_3 (60 x 50 cm) e o peso médio mínimo dos frutos (113,42 g) em P_1 (60 x 30 cm).

(c) Efeito da dose de aplicação de fertilizante:

Os dados apresentados na Tabela 4.17 mostram que a dose de aplicação de fertilizante teve um efeito significativo no peso médio dos frutos do pepino partenocárpico durante os dois anos de investigação. O peso máximo do fruto (117,96 g) foi observado em D_3 (30:20:32 kg/1000 m^2) em comparação com o peso mínimo do fruto (114,39) em D_1 (20:10:22 kg /1000 m^2) com base na análise conjunta.

 (d) Efeito de interação entre cultivares, espaçamento e dose de aplicação de fertilizantes:

O efeito da interação entre cultivares, espaçamento e dose de aplicação de fertilizante apresentado na Tabela 4.18 mostrou dias significativos para o peso médio dos frutos durante ambos os anos da experiência. Além disso, o T_{18}, V D P_{233} (PPC-3 + 30:20:32

kg + 60 X 50 cm) resultou no peso máximo do fruto Av. (120.50 g). No entanto, o peso médio mínimo dos frutos (112,35 g) foi registado em T V $D_{1, 111}$ P(PPC-2 + 20:10:22 kg + 60 x 30 cm) com base em dados agrupados.

Tabela 4.17: Efeito de cultivares, espaçamento e dose de aplicação de fertilizante na largura do peso médio dos frutos (g) de pepino partenocárpico em condições de estufa durante o inverno

Variedade (V)					
V_1	Pepino Pant -2	partenocárpico	116.04	116.18	116.11
V_2	Pepino Pant -3	partenocárpico	116.33	116.49	116.41
V_3	Hilton		116.18	116.36	116.27
	F - teste		S	S	S
	S Ed. (±)		0.011	0.031	0.021
	CD a 5%		0.023	0.062	0.042
NPK (kg/1000m²) (D)					
D_1	20:10:22 kg		114.31	114.47	114.39
D_2	25:15:27 kg		116.36	116.53	116.44
D_3	30:20:32 kg		117.89	118.02	117.96
	F - teste		S	S	S
	S. Ed. (±)		0.011	0.031	0.021
	CD a 5%		0.023	0.062	0.042
Geometria da planta (P)					
P_1	60 x 30		113.33	113.50	113.42
P_2	60 x 40		116.86	116.99	116.92
P_3	60 x 50		118.37	118.53	118.45
	F - teste		S	S	S
	S. Ed. (±)		0.011	0.031	0.021
	CD a 5%		0.023	0.062	0.042

Quadro 4.18: Efeito da interação entre cultivares, espaçamento e dose de aplicação de fertilizante no peso médio dos frutos (g) de pepino partenocárpico em condições de estufa durante o inverno

Combinação de tratamentos		2017-18	2018-19	Agrupado
T_1	$V + D + P_{111}$	112.30	112.40	112.35
T_2	$V + D + P_{112}$	114.10	114.20	114.15
T_3	$V + D + P_{113}$	116.20	116.30	116.25
T_4	$V + D + P_{121}$	113.10	113.40	113.25
T_5	$V + D + P_{122}$	117.10	117.40	117.25
T_6	$V + D + P_{123}$	118.40	118.50	118.45
T_7	$V + D + P_{131}$	114.10	114.30	114.20
T_8	$V + D + P_{132}$	118.90	118.80	118.85
T_9	$V + D + P_{133}$	120.20	120.30	120.25
T_{10}	$V + D + P_{211}$	112.50	112.60	112.55
T_{11}	$V + D + P_{212}$	114.40	114.50	114.45
T_{12}	$V + D + P_{213}$	116.40	116.60	116.50
T_{13}	$V + D + P_{221}$	113.30	113.50	113.40
T_{14}	$V + D + P_{222}$	117.60	117.70	117.65
T_{15}	$V + D + P_{223}$	118.70	118.90	118.80
T_{16}	$V + D + P_{231}$	114.60	114.70	114.65
T_{17}	$V + D + P_{232}$	119.10	119.30	119.20
T_{18}	$V + D + P_{233}$	120.40	120.60	120.50
T_{19}	$V + D + P_{311}$	112.40	112.60	112.50
T_{20}	$V + D + P_{231}$	114.20	114.40	114.30
T_{21}	$V + D + P_{313}$	116.30	116.60	116.45
T_{22}	$V + D + P_{321}$	113.20	113.30	113.25
T_{23}	$V + D + P_{322}$	117.30	117.40	117.35
T_{24}	$V + D + P_{323}$	118.50	118.70	118.60

T_{25}	$V + D + P_{331}$	114.50	114.70	114.60
T_{26}	$V + D + P_{332}$	119.00	119.20	119.10
T_{27}	$V + D + P_{333}$	120.20	120.30	120.25
Interação (V x D x P)	F - teste	S	S	S
	S. Ed. ($\pm$)	0.033	0.092	0.062
	CD. a 5%	0.068	0.186	0.126

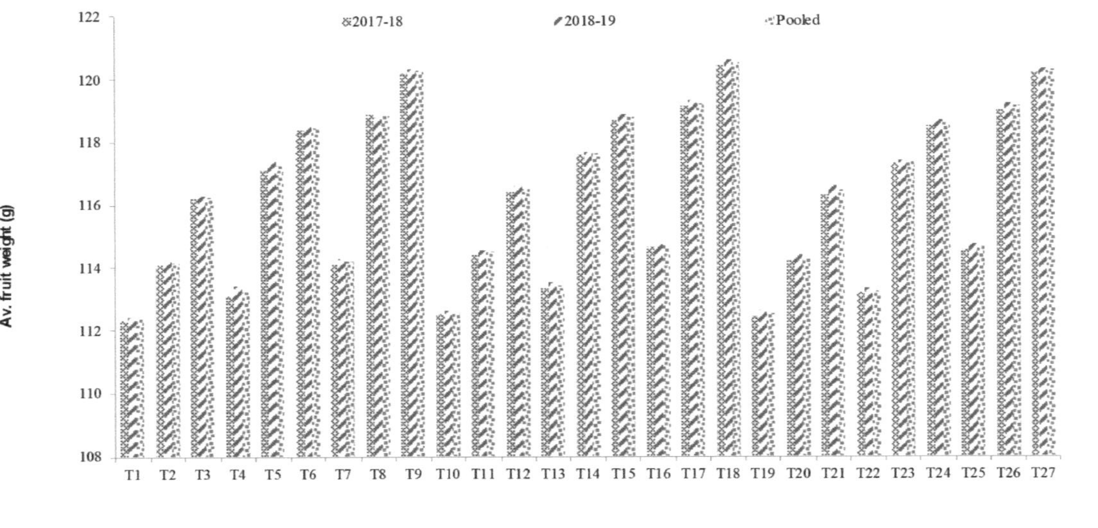

Fig 4.9: Efeito da interação entre cultivares, espaçamento e dose de aplicação de fertilizante no peso médio dos frutos (g) de pepino partenocárpico em condições de estufa durante as estações de inverno

109

4.2.5 Rendimento de frutos por planta (kg)

Os dados relativos ao efeito de cultivares, espaçamento e dose de aplicação de fertilizante e os seus efeitos de interação na produção de frutos por plantas de pepino partenocárpico em condições de estufa durante a estação de inverno são apresentados no Quadro 4.19 e na Fig. 4.10. A análise de variância é apresentada nos Apêndices XXVIII, XXIX e XXX.

(a) Efeito das cultivares:

Os dados apresentados no Quadro 4.19 indicam que a produção de frutos por planta de pepino partenocárpico foi significativamente influenciada por vários tratamentos de cultivar durante ambos os anos de experimentação da estação de inverno. No entanto, com base na análise de dados agrupados, a produção máxima de frutos por planta (2,82 kg) foi registada na cultivar V_2 (Pant Parthenocarpic Cucumber-3) em comparação com a produção mínima de frutos por planta (2,58 kg) na cultivar V_1 (Pant Parthenocarpic Cucumber-2)

(b) Efeito do espaçamento:

Os dados apresentados na Tabela 4.19 indicam que a produção de frutos por planta de pepino foi significativamente influenciada por vários tratamentos de espaçamento durante os dois anos de experimentação. Os dados agrupados mostraram que a produção máxima de frutos por planta (2,81 kg) foi registada em P_3 (60 x 50 cm) e a produção mínima de frutos por planta (2,61 kg) em P1 (60 x 30 cm).

(c) Efeito da dose de aplicação de fertilizante:

Os dados apresentados na Tabela 4.19 mostram que a dose de aplicação de fertilizante teve um efeito significativo na produção de frutos por plantas de pepino partenocárpico durante a investigação de dados agrupados, a produção máxima de frutos por plantas (2,85 kg) foi observada em D_3 (30:20:32 kg/1000 m^2) em comparação com a produção mínima de frutos por plantas (2,56 kg) em D_2 (25:15:27 kg /1000m^2) com base na análise agrupada.

(d) Efeito de interação entre cultivares, espaçamento e dose de aplicação de fertilizantes:

O efeito de interação de cultivares, espaçamento e dose de aplicação de fertilizante apresentado na Tabela 4.20 mostrou uma produção significativa de frutos por plantas durante ambos os anos de experimentação. Além disso, o T_{18}, V D P_{233} (PPC-3 + 30:20:32 kg + 60 X 50 cm) resultou na produção máxima de frutos por planta (3,20 kg).

e foi seguido de perto pelo T V $+D_{17,232}$ $+P(3.00$ kg) e este foi estatisticamente igual ao T_{18} No entanto, a produção mínima de frutos por planta (2,35 kg) foi registada em T V $D_{1,111}$ P(PPC-2 + 20:10:22 kg + 60 X 30 cm) com base em dados agrupados.

Tabela 4.19: Efeito de cultivares, espaçamento e dose de aplicação de fertilizante na produção de frutos por planta de pepino partenocárpico em condições de estufa durante o inverno

Fator			2017-18	2018-19	Agrupado
Variedade (V)					
V_1	Pepino Pant -2	partenocárpico	2.50	2.66	2.58
V_2	Pepino Pant -3	partenocárpico	2.72	2.92	2.82
V_3	Hilton		2.66	2.81	2.73
	F - teste		S	S	S
	S Ed. ($\pm$)		0.018	0.009	0.014
	CD a 5%		0.037	0.018	0.028
NPK (kg/1000m^2) (D)					
D_1	20:10:22 kg		2.46	2.66	2.56
D_2	25:15:27 kg		2.64	2.81	2.73
D_3	30:20:32 kg		2.78	2.92	2.85
	F - teste		S	S	S
	S. Ed. ($\pm$)		0.018	0.009	0.014
	CD a 5%		0.037	0.018	0.028
Geometria da planta (P)					
P_1	60 x 30		2.53	2.69	2.61
P_2	60 x 40		2.61	2.81	2.71
P_3	60 x 50		2.73	2.89	2.81
	F - teste		S	S	S
	S Ed. ($\pm$)		0.018	0.009	0.014

CD a 5%		0.037	0.018	0.028

Quadro 4.20: Efeito da interação entre cultivares, espaçamento e dose de aplicação de fertilizante na produção de frutos por planta de pepino partenocárpico em condições de estufa durante o inverno

Combinação de tratamentos		2017-18	2018-19	Agrupado
T_1	$V +D +P_{111}$	2.30	2.40	2.35
T_2	$V +D +P_{112}$	2.30	2.50	2.40
T_3	$V +D +P_{113}$	2.40	2.60	2.50
T_4	$V +D +P_{121}$	2.40	2.50	2.45
T_5	$V +D +P_{122}$	2.50	2.70	2.60
T_6	$V +D +P_{123}$	2.60	2.80	2.70
T_7	$V +D +P_{131}$	2.50	2.70	2.60
T_8	$V +D +P_{132}$	2.70	2.90	2.80
T_9	$V +D +P_{133}$	2.80	2.80	2.80
T_{10}	$V +D +P_{211}$	2.40	2.70	2.55
T_{11}	$V +D +P_{212}$	2.50	2.80	2.65
T_{12}	$V +D +P_{213}$	2.60	2.80	2.70
T_{13}	$V +D +P_{221}$	2.60	2.70	2.65
T_{14}	$V +D +P_{222}$	2.70	2.90	2.80
T_{15}	$V +D +P_{223}$	2.90	3.10	3.00
T_{16}	$V +D +P_{231}$	2.80	2.90	2.85
T_{17}	$V +D +P_{232}$	2.90	3.10	3.00
T_{18}	$V +D +P_{233}$	3.10	3.30	3.20
T_{19}	$V +D +P_{311}$	2.40	2.50	2.45
T_{20}	$V +D +P2_{31}$	2.50	2.80	2.65
T_{21}	$V +D +P_{313}$	2.70	2.80	2.75
T_{22}	$V +D +P_{321}$	2.80	2.90	2.85
T_{23}	$V +D +P_{322}$	2.60	2.70	2.65

T_{24}	$V + D + P_{323}$	2.70	3.00	2.85
T_{25}	$V + D + P_{331}$	2.60	2.90	2.75
T_{26}	$V + D + P_{332}$	2.80	2.90	2.85
T_{27}	$V + D + P_{333}$	2.80	2.80	2.80
Interação (V x D x P)	F - teste	S	S	S
	S. Ed. ($\pm$)	0.054	0.027	0.041
	CD. a 5%	0.111	0.055	0.083

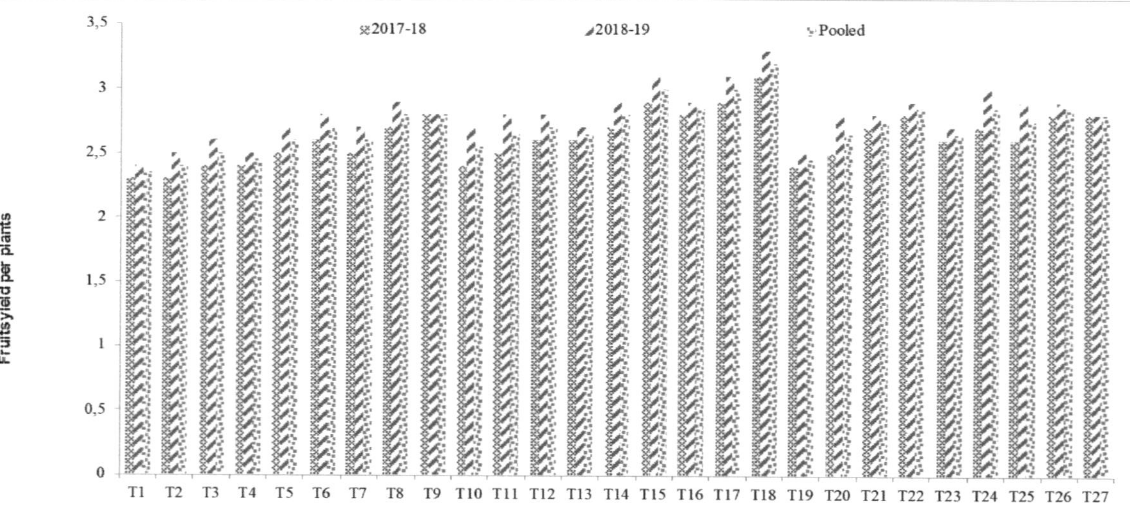

Fig 4.10: Efeito da interação entre cultivares, espaçamento e dose de aplicação de fertilizante na produção de frutos por planta de pepino partenocárpico em condições de estufa durante o inverno.

114

4.2.6 Rendimento por metro quadrado (kg)

Os dados relativos ao efeito de cultivares, espaçamento e dose de aplicação de fertilizante e seus efeitos de interação no rendimento por metro quadrado de pepino partenocárpico em condições de estufa durante o inverno são apresentados na Tabela 4.21 e na Fig. 4.11. A análise de variância é apresentada nos Apêndices XXXI, XXXII e XXIII.

(a) Efeito das cultivares:

Os dados apresentados no Quadro 4.21 indicam que o rendimento por metro quadrado de pepino partenocárpico foi significativamente influenciado por vários tratamentos de cultivar durante ambos os anos de experimentação da estação de inverno. No entanto, com base na análise de dados agrupados, o rendimento máximo por metro quadrado (13,46 kg) foi registado na cultivar V_2 (Pant Parthenocarpic Cucumber-3) em comparação com o rendimento mínimo / m^2 (12,86 kg) na cultivar V_1 (Pant Parthenocarpic Cucumber-2)

(b) Efeito do espaçamento:

Os dados apresentados no Quadro 4.21 indicam que o rendimento por metro quadrado de pepino foi significativamente influenciado por vários tratamentos de espaçamento durante ambos os anos de experimentação. Os dados agrupados mostraram que o rendimento máximo por metro quadrado (14,57 kg) foi registado em P_1 (60 x 30 cm) e o rendimento mínimo / m^2 (10,91 kg) em P_3 (60 x 50 cm).

(c) Efeito da dose de aplicação de fertilizante:

Os dados apresentados na Tabela 4.21 mostram que a dose de aplicação de fertilizante teve um efeito significativo no rendimento por metro quadrado de pepino partenocárpico durante a investigação de dados agrupados, o rendimento máximo por metro quadrado (13,33 kg) foi observado em D_3 (30:20:32 kg/1000 m^2) em comparação com o rendimento mínimo por metro quadrado (12,89 kg) em D_1 (20:10:22 kg /1000 m^2) com base na análise agrupada.

(d) Efeito de interação entre cultivares, espaçamento e dose de aplicação de fertilizantes:

O efeito de interação de cultivares, espaçamento e dose de aplicação de fertilizante apresentado no Quadro 4.22 mostrou um rendimento significativo por metro quadrado durante ambos os anos de experimentação. Além disso, $T_{16,}$ V D P_{231} (PPC-3 + 30:20:32 kg + 60 x 30 cm) resultou em rendimento máximo por metro quadrado (15,15 kg). e foi seguido de perto por T V +$D_{17,232}$ +P(14.80 kg) e este foi estatisticamente igual ao T_{16} No entanto, o rendimento mínimo por metro quadrado (10,65 kg) foi registado em T V $D_{27,333}$ P(Hilton + 30:20:32 kg + 60 x 50 cm) com base em dados agrupados.

Quadro 4.21: Efeito das cultivares, do espaçamento e da dose de aplicação de fertilizante na produção de frutos /m^2 de pepino partenocárpico em condições de estufa durante o inverno

Fator			2017-18	2018-19	Agrupado
Variedade (V)					
V_1	Pepino Pant -2	partenocárpico	12.78	12.93	12.86
V_2	Pepino Pant -3	partenocárpico	13.24	13.68	13.46
V_3	Hilton		12.88	12.99	12.93
	F - teste		S	S	S
	S Ed. ($\pm$)		0.025	0.043	0.034
	CD a 5%		0.052	0.087	0.068
NPK (kg/1000m^2) (D)					
D_1	20:10:22 kg		12.74	13.04	12.89
D_2	25:15:27 kg		12.91	13.14	13.03
D_3	30:20:32 kg		13.24	13.41	13.33
	F - teste		S	S	S
	S Ed. ($\pm$)		0.025	0.043	0.034
	CD a 5%		0.052	0.087	0.068
Geometria da planta (P)					
P_1	60 X 30		14.46	14.68	14.57
P_2	60 X 40		13.69	13.86	13.77
P_3	60X 50		10.76	11.07	10.91
	F - teste		S	S	S
	S. Ed. ($\pm$)		0.025	0.043	0.034

		0.052	0.087	0.068
CD a 5%		0.052	0.087	0.068

Quadro 4.22: Efeito da interação entre cultivares, espaçamento e dose de aplicação de fertilizante na produção de frutos / m^2 de pepino partenocárpico em condições de estufa durante o inverno

Combinação de tratamentos		2017-18	2018-19	Agrupado
T_1	$V + D + P_{111}$	14.20	14.40	14.30
T_2	$V + D + P_{112}$	13.40	13.60	13.50
T_3	$V + D + P_{113}$	10.30	10.50	10.40
T_4	$V + D + P_{121}$	14.30	14.40	14.35
T_5	$V + D + P_{122}$	13.50	13.60	13.55
T_6	$V + D + P_{123}$	10.60	10.80	10.70
T_7	$V + D + P_{131}$	14.40	14.50	14.45
T_8	$V + D + P_{132}$	13.60	13.70	13.65
T_9	$V + D + P_{133}$	10.70	10.90	10.80
T_{10}	$V + D + P_{211}$	14.50	14.80	14.65
T_{11}	$V + D + P_{212}$	13.60	13.80	13.70
T_{12}	$V + D + P_{213}$	10.50	11.50	11.00
T_{13}	$V + D + P_{221}$	14.60	14.90	14.75
T_{14}	$V + D + P_{222}$	13.60	13.80	13.70
T_{15}	$V + D + P_{223}$	10.90	11.80	11.35
T_{16}	$V + D + P_{231}$	14.90	15.40	15.15
T_{17}	$V + D + P_{232}$	14.70	14.90	14.80
T_{18}	$V + D + P_{233}$	11.90	12.20	12.05
T_{19}	$V + D + P_{311}$	14.30	14.50	14.40
T_{20}	$V + D + P_{231}$	13.50	13.70	13.60
T_{21}	$V + D + P_{313}$	10.40	10.60	10.50
T_{22}	$V + D + P_{321}$	14.40	14.50	14.45
T_{23}	$V + D + P_{322}$	13.60	13.70	13.65

T_{24}	$V + D + P_{323}$	10.70	10.80	10.75
T_{25}	$V + D + P_{331}$	14.50	14.70	14.60
T_{26}	$V + D + P_{332}$	13.70	13.90	13.80
T_{27}	$V + D + P_{333}$	10.80	10.50	10.65
Interação (Vx D x P)	F - teste	S	S	S
	S. Ed. ($\pm$)	0.076	0.128	0.101
	CD. a 5%	0.155	0.260	0.204

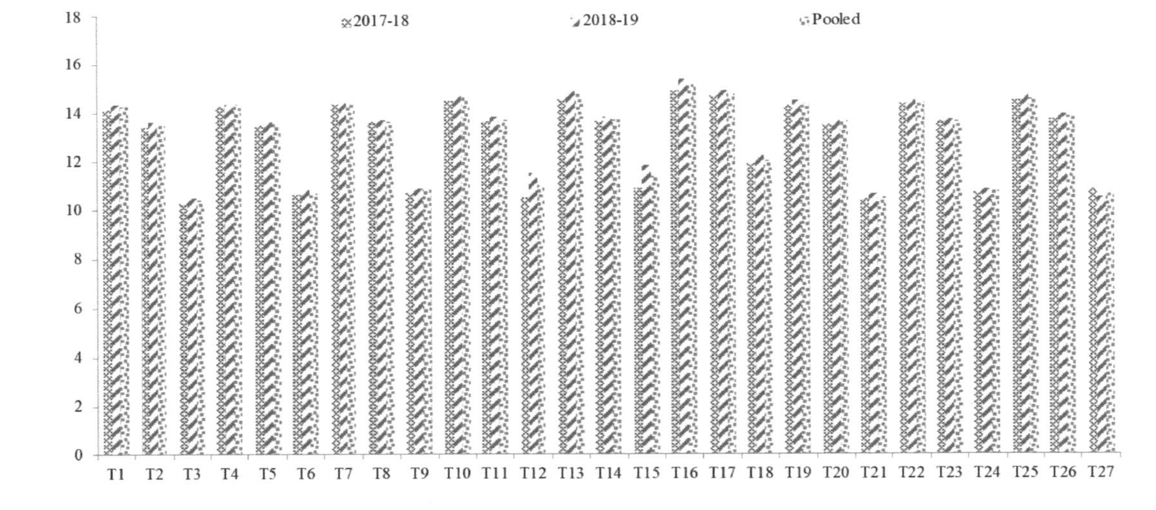

Fig 4.11: Efeito da interação entre as cultivares, o espaçamento e a dose de aplicação de fertilizante na produção de frutos / m^2 por metro quadrado de pepino partenocárpico em condições de estufa durante o inverno.

119

Os dados acima referidos, entre os vários caracteres de rendimento que atribuem dias à primeira colheita de frutos, número de frutos por planta, número de frutos não comercializáveis por planta, peso médio dos frutos, rendimento por planta e rendimento por metro quadrado, foram registados no presente estudo.

O carácter dias para a primeira colheita de frutos (DAS) foi significativamente influenciado pelos efeitos principais como cultivares, espaçamento e dose de fertilizante durante a sessão de inverno. O número mínimo de dias necessários para a primeira colheita de frutos (55.42 DAS) foi observado na cultivar Pant Parthenocarpic Cucumber -3, no espaçamento P_3 (60 x 50 cm) com 56.07 dias e 55.71 dias através da dose máxima de fertilizantes, D_3 30:20:32 kg (Tabela 4.11). No entanto, os efeitos da interação entre as cultivares, a geometria da planta e a dose de aplicação de fertilizante tiveram uma influência significativa no número mínimo de dias necessários para a primeira colheita de frutos na combinação de tratamentos T_{18} (52,40 DAS) e foi seguido de perto por T_{17} (54,00 DAS). O máximo de dias necessários para a primeira colheita de frutos no tratamento T_1 (58,25 DAS) é mostrado na (Tabela 4.12). Resultados semelhantes foram citados por Waseem *et al. (2008)* e Bakar *et al.* (2006) na cultura do pepino.

Os dados apresentados na (Tabela 4.13 a 4.22) revelaram que as várias cultivares, a geometria da planta e a dose de fertilizante resultaram num aumento significativo do número de frutos por planta, do número de frutos não comercializáveis por planta e do peso médio dos frutos de pepino em condições de estufa durante o inverno. Entre as diferentes cultivares, o número máximo de frutos por planta (21,89), o número mínimo de frutos não comercializáveis por planta (1,46) e o maior peso de frutos (116,41 g) foram obtidos na cultivar Pant Parthenocarpic Cucumber -3. Isso pode ser devido a uma maior frutificação, maior fotossíntese, pois produziu mais comprimento de videira e área foliar durante os processos. Shaw *et al. (2007)* relataram uma interação significativa entre a cultivar e o número de frutos comercializáveis e o peso por planta em pepino cultivado em estufa. O número de frutos por videira, o número mínimo de frutos não comercializáveis por planta e o peso médio dos frutos foram significativamente influenciados pela geometria da planta (Quadros 4.13 a 4.22). O número máximo de frutos por videira (21,24) e o maior peso médio de frutos (118,45 g) foram registrados no espaçamento 60 x 50 cm (P_3) e o número mínimo de frutos não comercializáveis por planta (1,62) no P_2 (60 x 40 cm) em comparação com o menor no P_1 (60 x 30 cm). A análise conjunta registou que o P_3 tem um número significativamente mais elevado de frutos por planta e peso médio dos frutos e o P_2 tem um número mínimo de frutos não comercializáveis por planta. Isto pode dever-se à disponibilidade de mais espaço para o crescimento das plantas. Os resultados semelhantes de aumento do peso médio dos frutos e do número de frutos por planta com um espaçamento maior foram relatados por Mantur e Patil (2008) e Bahadur e Singh *(2005)* em tomate e Dasgan e Abak (2003). Os resultados obtidos na presente investigação revelaram que a dose de aplicação de fertilizante teve uma influência significativa no número de frutos por videira, no número mínimo de frutos não comercializáveis por planta e no peso médio dos frutos (Quadro 4.13 a 4.22). O maior número de frutos por planta (21,58), o número mínimo de frutos não comercializáveis por planta (1,53) e o peso médio máximo dos frutos (117,96 g) foram obtidos no D_3 com a aplicação da dose máxima de fertilizantes (30:20:32 Kg) em comparação com o D_1 com a aplicação da dose mínima de fertilizantes. Isso pode ser devido à melhoria *na* aplicação *máxima* de nutrientes e *na* eficiência do uso da água na cultura do pepino (Bajracharya e Sharma, 2005, Veeranna *et al.* 2001). O efeito da interação entre as cultivares, o espaçamento e a dose de aplicação de fertilizante no número de frutos por videira, o número mínimo de frutos não comercializáveis por planta e o peso médio máximo dos frutos tiveram um efeito significativo (Quadro 4.13 a 4.22). No tratamento combinado T_{18} V +D +P_{233} (Pepino Pant Parthenocarpic -3 + 60 x 50 cm + 30:20:32 Kg). O número máximo de frutos por planta, o número mínimo de frutos não comercializáveis por planta e o peso médio máximo dos frutos foram registados em resultados semelhantes do híbrido de pepino partenocárpico Phule Prachi (Choudhari e More, 2002), El-Aidy *et al.* (2007). Diferentes cultivares, geometria da planta e dose de aplicação de fertilizante influenciaram significativamente o rendimento por planta e o rendimento por metro quadrado de pepino em condições de estufa durante a estação de inverno (Quadro 4.13 a 4.22). O rendimento máximo por planta (2,82 kg) foi observado na cultivar (V_2) Pant Parthenocarpic Cucumber -3 , seguido por (2,73 kg por planta) em Hilton, que foi encontrado significativamente a par com (2,58 kg por planta) da cultivar Pant Parthenocarpic Cucumber -2. Todas as três cultivares tiveram um efeito significativo no rendimento por planta do pepino partenocárpico. As presentes constatações estão de acordo com os resultados de Shaw *et al.* (2007) em pepino. Alsadon *et al.* (2006) também encontraram diferenças significativas entre as cultivares de pepino de estufa para as características de crescimento dos frutos, especialmente o rendimento e os seus componentes. O rendimento por videira foi significativamente afetado por vários tratamentos de espaçamento. O rendimento máximo por planta (2,81 kg) foi observado no espaçamento P_3 (60 x50 cm) em comparação com 2,61 kg por planta no P_1 (60x30 cm). Conclui-se que o rendimento total aumentou significativamente com o aumento do espaçamento entre plantas dentro das linhas. Os resultados do presente estudo estão em estreita conformidade com Mantur e Patil, 2008 e Bahadur e Singh (2005) na cultura do tomate. Verificou-se que a dose de aplicação de fertilizante tem um efeito significativo no rendimento por planta do pepino. Foi relatado um rendimento mais alto (2,85 kg por planta) na dose máxima de fertilizantes em comparação com 2,56 kg por planta na dose mínima de fertilizantes (Tabela 4.13 a 4.22). Choudhari e More (2002) registaram um rendimento máximo por planta (kg) e rendimento por hectare (t) no híbrido de pepino quando 150:90:90 kg NPK por hectare foi aplicado por fertirrigação. O aumento dos atributos de rendimento sob fertirrigação pode ser atribuído a uma melhor utilização da água e a uma maior absorção de nutrientes (Bafna *et al.* 1993) no tomate. A interação de cultivares, espaçamento e dose de fertilizante teve influência significativa no rendimento por videira de pepino (Quadro 4.13 a 4.22). O rendimento máximo por videira (3,20 kg por videira) foi obtido no tratamento combinado T_{18} V +D_{23} + P_3 (Pepino Pant Parthenocarpic -3 + 60 x 50 cm +30:20:32 Kg). Isto pode dever-se a uma maior percentagem de frutificação, uma vez que produziu um maior número de frutos por planta. Moccia e Katcherian (1999) observaram que a produção de frutos de tomate por unidade de área aumentou linearmente com o aumento da densidade de plantação, enquanto a produção por planta diminuiu. O aumento da densidade de plantação aumentou o número de treliças, flores e frutos colhidos, mas diminuiu o peso médio dos frutos. Papadopoulos e Pararaja sing ham (1997) e Alsadoll *et at.* (2006) também obtiveram maior produção de frutos por unidade de área no tomateiro em espaçamento estreito em comparação com o espaçamento mais largo. Afirmaram que os principais factores responsáveis pelo aumento da produção de frutos por unidade de área em espaçamentos estreitos se devem a uma maior biomassa da cultura. Estes resultados indicam que os rendimentos máximos são função de um maior número de plantas por unidade de área.

4.4 CARACTERÍSTICAS DE QUALIDADE

4.4.1 Comprimento do fruto (cm)

Os dados relativos ao efeito de cultivares, espaçamento e dose de aplicação de fertilizante e seus efeitos de interação no comprimento do fruto (cm) de pepino partenocárpico em condições de estufa durante a estação de inverno são apresentados no Quadro 4.23 e na Fig. 4.12. A análise de variância é apresentada nos Apêndices XXXIV, XXXV e XXVI.

(a) Efeito das cultivares:

Os dados apresentados no Quadro 4.23 indicam que o comprimento do fruto (cm) do pepino partenocárpico foi significativamente influenciado por várias cultivares durante ambos os anos de experiência da estação de inverno. No entanto, com base na análise de dados agrupados, o comprimento máximo do fruto (18,35 cm) foi registado na cultivar V_2 (Pepino partenocárpico Pant-3) em comparação com o comprimento mínimo do fruto (16,38 cm) na cultivar V_1 (Pepino partenocárpico Pant-2).

(b) Efeito do espaçamento:

Os dados apresentados no Quadro 4.23 indicam que o comprimento do fruto do pepino foi significativamente influenciado por vários tratamentos de espaçamento durante ambos os anos da experiência. Os dados agrupados mostraram que o comprimento máximo do fruto (17,87 cm) foi registado em P_3 (60 x 50 cm) e o comprimento mínimo do fruto (17,07 cm) em P_1 (60 x 30 cm).

(c) Efeito da dose de aplicação de fertilizante:

Os dados apresentados na Tabela 4.23 mostram que a dose de aplicação de fertilizante teve um efeito significativo no comprimento do fruto do pepino partenocárpico durante os dois anos de investigação. O comprimento máximo do fruto (18,20 cm) foi observado em D_3 (30:20:32 kg/1000 m^2) em comparação com o comprimento mínimo do fruto (16,68 cm) em D_1 (20:10:22 kg /1000 m^2) com base na análise conjunta.

(d) Efeito de interação entre cultivares, espaçamento e dose de aplicação de fertilizantes:

O efeito de interação de cultivares, espaçamento e dose de aplicação de fertilizante apresentado na Tabela 4.24 mostrou dias significativos para o comprimento do fruto durante ambos os anos da experiência. Além disso, T_{18}, V D P_{233} (PPC-3 + 30:20:32 kg + 60 X 50 cm) resultou no comprimento máximo do fruto (19,50 cm). No entanto, o comprimento mínimo do fruto (15,30 cm) foi registado em T V $D_{1, 111}$ P(PPC-2 + 20:10:22 kg + 60 X 30 cm) com base em dados agrupados.

Tabela 4.23: Efeito de cultivares, espaçamento e dose de aplicação de fertilizante no comprimento do fruto (cm) de pepino partenocárpico em condições de estufa durante o inverno

Fator			2017-18	2018-19	Agrupado
Variedade (V)					
V_1	Pepino Pant -2	partenocárpico	16.27	16.49	16.38
V_2	Pepino Pant -3	partenocárpico	18.24	18.46	18.35
V_3	Hilton		17.67	17.89	17.78
	F - teste		S	S	S
	S Ed. (±)		0.041	0.013	0.023
	CD a 5%		0.082	0.027	0.047
NPK (kg/1000m^2) (D)					
D_1	20:10:22 kg		16.60	16.77	16.68
D_2	25:15:27 kg		17.47	17.78	17.62

		18.11	18.29	18.20
D_3	30:20:32 kg			
	F - teste	S	S	S
	S Ed. (±)	0.041	0.013	0.023
	CD a 5%	0.082	0.027	0.047
Geometria da planta (P)				
P_1	60 x 30	16.98	17.17	17.07
P_2	60 x 40	17.42	17.71	17.57
P_3	60 x 50	17.78	17.96	17.87
	F - teste	S	S	S
	S. Ed. (±)	0.041	0.013	0.023
	CD a 5%	0.082	0.027	0.047

Quadro 4.24: Efeito da interação entre cultivares, espaçamento e dose de aplicação de fertilizante no comprimento do fruto (cm) do pepino partenocárpico em condições de estufa durante o inverno

Combinação de tratamentos		2017-18	2018-19	Agrupado
T_1	$V +D +P_{111}$	15.20	15.40	15.30
T_2	$V +D +P_{112}$	15.60	15.80	15.70
T_3	$V +D +P_{113}$	16.20	16.20	16.20
T_4	$V +D +P_{121}$	15.80	16.00	15.90
T_5	$V +D +P_{122}$	16.40	16.80	16.60
T_6	$V +D +P_{123}$	16.80	17.20	17.00
T_7	$V +D +P_{131}$	16.40	16.40	16.40
T_8	$V +D +P_{132}$	16.80	17.20	17.00
T_9	$V +D +P_{133}$	17.20	17.40	17.30
T_{10}	$V +D +P_{211}$	16.80	16.90	16.85
T_{11}	$V +D +P_{212}$	17.40	17.60	17.50

T_{12}	V +D +P_{213}	17.80	18.00	17.90
T_{13}	V +D +P_{221}	17.80	18.40	18.10
T_{14}	V +D +P_{222}	18.40	18.60	18.50
T_{15}	V +D +P_{223}	18.60	18.80	18.70
T_{16}	V +D +P_{231}	18.80	18.80	18.80
T_{17}	V +D +P_{232}	19.20	19.40	19.30
T_{18}	V +D +P_{233}	19.40	19.60	19.50
T_{19}	V +D +P_{311}	16.40	16.60	16.50
T_{20}	V +D +$P2_{31}$	16.80	17.20	17.00
T_{21}	V +D +P_{313}	17.20	17.20	17.20
T_{22}	V +D +P_{321}	17.40	17.60	17.50
T_{23}	V +D +P_{322}	17.80	18.20	18.00
T_{24}	V +D +P_{323}	18.20	18.40	18.30
T_{25}	V +D +P_{331}	18.20	18.40	18.30
T_{26}	V +D +P_{332}	18.40	18.60	18.50
T_{27}	V +D +P_{333}	18.60	18.80	18.70
Interação (Vx D x P)	F - teste	NS	S	S
	S. Ed. ($\pm$)	0.122	0.039	0.069
	CD. a 5%	0.247	0.080	0.141

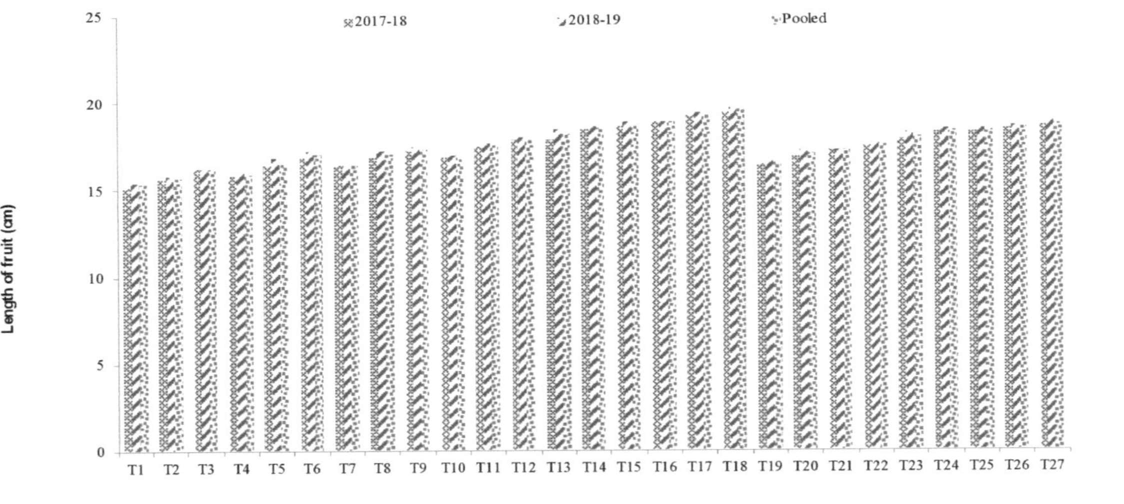

Fig 4.12: Efeito da interação entre cultivares, espaçamento e dose de aplicação de fertilizante no comprimento do fruto (cm) de pepino partenocárpico em condições de estufa durante o inverno.

4.4.2 Largura do fruto (cm)

Os dados relativos ao efeito de cultivares, espaçamento e dose de aplicação de fertilizante e seus efeitos de interação na largura do fruto (cm) de pepino partenocárpico em condições de estufa durante a estação de inverno são apresentados no Quadro 4.25 e na Fig. 4.13. A análise de variância é apresentada nos Apêndices XXXVII, XXXVIII e XXXIX.

(a) Efeito das cultivares:

Os dados apresentados no Quadro 4.25 indicam que a largura do fruto (cm) do pepino partenocárpico foi significativamente influenciada por várias cultivares durante ambos os anos de experiência da estação de inverno. No entanto, com base na análise de dados agrupados, a largura máxima do fruto (3,45 cm) foi registada na cultivar V_2 (Pepino partenocárpico Pant-3) em comparação com a largura mínima do fruto (3,39 cm) na cultivar V_1 (Pepino partenocárpico Pant-2).

(b) Efeito do espaçamento:

Os dados apresentados no Quadro 4.25 indicam que a largura do fruto do pepino foi significativamente influenciada por vários tratamentos de espaçamento durante ambos os anos da experiência. Os dados agrupados mostraram que a largura máxima do fruto (3,45 cm) foi registada em P_3 (60 x 50 cm) e a largura mínima do fruto (3,40 cm) em P_2 (60 x 40 cm).

(c) Efeito da dose de aplicação de fertilizante:

Os dados apresentados na Tabela 4.25 mostram que a dose de aplicação de fertilizante teve um efeito significativo na largura do fruto do pepino partenocárpico durante os dois anos de investigação. A largura máxima do fruto (3,46 cm) foi observada em D_3 (30:20:32 Kg/1000 m^2) em comparação com a largura mínima do fruto (3,38 cm) em D_1 (20:10:22 kg /1000 m^2) com base na análise conjunta.

(d) Efeito de interação entre cultivares, espaçamento e dose de aplicação de fertilizantes:

O efeito de interação entre cultivares, espaçamento e dose de aplicação de fertilizante apresentado na Tabela 4.26 mostrou dias significativos para a largura do fruto durante ambos os anos da experiência. Além disso, T_{18}, V D P_{233} (PPC-3 + 30:20:32 kg + 60 x 50 cm) resultou na largura máxima do fruto (3,55 cm). No entanto, a largura mínima do fruto (3,32 cm) foi registada em T V $D_{1, 111}$ P(PPC-2 + 20:10:22 kg + 60 X 30 cm) com base em dados agrupados.

Tabela 4.25: Efeito de cultivares, espaçamento e dose de aplicação de fertilizante na largura do fruto (cm) de pepino partenocárpico em condições de estufa durante o inverno

Fator			2017-18	2018-19	Agrupado
Variedade (V)					
V_1	Pepino Pant -2	partenocárpico	3.38	3.39	3.39
V_2	Pepino Pant -3	partenocárpico	3.43	3.47	3.45
V_3	Hilton		3.40	3.42	3.41
	F - teste		S	S	S
	S Ed. (±)		0.002	0.002	0.002
	CD a 5%		0.004	0.003	0.003
NPK (kg/1000m²) (D)					
D_1	20:10:22 kg		3.36	3.39	3.38
D_2	25:15:27 kg		3.40	3.41	3.41
D_3	30:20:32 kg		3.44	3.48	3.46
	F - teste		S	S	S
	S Ed. (±)		0.002	0.002	0.002
	CD a 5%		0.004	0.003	0.003
Geometria da planta (P)					
P_1	60 x 30		3.38	3.40	3.39
P_2	60 x 40		3.40	3.41	3.40
P_3	60 x 50		3.44	3.47	3.45
	F - teste		S	S	S
	S. Ed. (±)		0.002	0.002	0.002

| CD a 5% | | 0.004 | 0.003 | 0.003 |

Quadro 4.26: Efeito da interação entre cultivares, espaçamento e dose de aplicação de fertilizante na largura do fruto (cm) de pepino partenocárpico em condições de estufa durante o inverno

Combinação de tratamentos		2017-18	2018-19	Agrupado
T_1	V +D +P_{111}	3.31	3.33	3.32
T_2	V +D +P_{112}	3.34	3.36	3.35
T_3	V +D +P_{113}	3.38	3.39	3.39
T_4	V +D +P_{121}	3.36	3.37	3.37
T_5	V +D +P_{122}	3.38	3.30	3.34
T_6	V +D +P_{123}	3.41	3.44	3.43
T_7	V +D +P_{131}	3.39	3.42	3.41
T_8	V +D +P_{132}	3.42	3.45	3.44
T_9	V +D +P_{133}	3.46	3.48	3.47
T_{10}	V +D +P_{211}	3.39	3.41	3.40
T_{11}	V +D +P_{212}	3.39	3.42	3.41
T_{12}	V +D +P_{213}	3.43	3.46	3.45
T_{13}	V +D +P_{221}	3.42	3.45	3.44
T_{14}	V +D +P_{222}	3.39	3.43	3.41
T_{15}	V +D +P_{223}	3.45	3.49	3.47
T_{16}	V +D +P_{231}	3.42	3.48	3.45
T_{17}	V +D +P_{232}	3.48	3.51	3.50
T_{18}	V +D +P_{233}	3.51	3.59	3.55
T_{19}	V +D +P_{311}	3.32	3.37	3.35
T_{20}	V +D +$P2_{31}$	3.33	3.36	3.35
T_{21}	V +D +P_{313}	3.39	3.41	3.40
T_{22}	V +D +P_{321}	3.38	3.39	3.39
T_{23}	V +D +P_{322}	3.40	3.41	3.41

T_{24}	$V +D +P_{323}$	3.43	3.45	3.44
T_{25}	$V +D +P_{331}$	3.41	3.42	3.42
T_{26}	$V +D +P_{332}$	3.43	3.46	3.45
T_{27}	$V +D +P_{333}$	3.48	3.49	3.49
Interação (Vx D x P)	F - teste	S	S	S
	S. Ed. ($\pm$)	0.005	0.005	0.005
	CD. a 5%	0.011	0.009	0.010

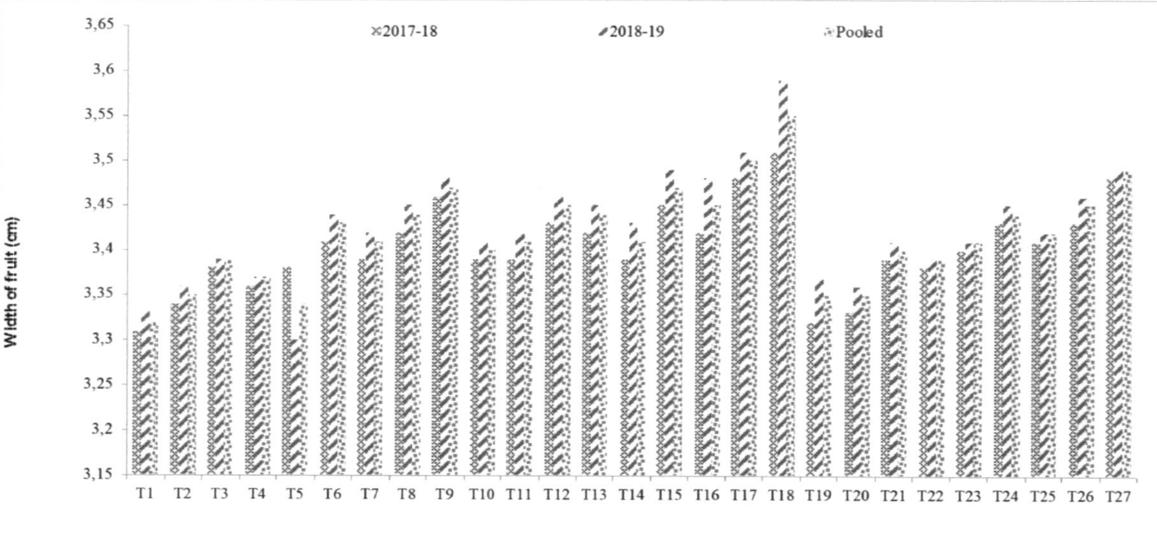

Fig 4.13: Efeito da interação entre cultivares, espaçamento e dose de aplicação de fertilizante na largura do fruto (cm) de pepino partenocárpico em condições de estufa durante o inverno.

4.4.3 Percentagem de humidade

Os dados relativos ao efeito de cultivares, espaçamento e dose de aplicação de fertilizante e os seus efeitos de interação na percentagem de humidade do pepino partenocárpico em condições de estufa durante o inverno são apresentados no Quadro 4.27 e na Fig. 4.14. A análise de variância é apresentada nos Apêndices XL, XLI e XLII.

(a) Efeito das cultivares:

Os dados apresentados no Quadro 4.27 indicam que a percentagem de humidade do pepino partenocárpico foi significativamente influenciada por vários tratamentos de cultivares durante ambos os anos de experimentação da estação de inverno. No entanto, com base na análise de dados agrupados, a percentagem máxima de humidade (94,57) foi registada na cultivar V_2 (Pant Parthenocarpic Cucumber-3) em comparação com a percentagem mínima de humidade (93,90) na cultivar V_3 (Hilton)

(b) Efeito do espaçamento:

Os dados apresentados na Tabela 4.27 indicam que a percentagem de humidade do pepino não foi significativamente influenciada por vários tratamentos de espaçamento durante ambos os anos de experimentação. Os dados agrupados mostraram que a percentagem máxima de humidade (94,25) foi registada em P_3 (60 x 50 cm) e a percentagem mínima de humidade (94,18) em P1 (60 x 30 cm).

(c) Efeito da dose de aplicação de fertilizante:

Os dados apresentados na Tabela 4.26 mostram que a dose de aplicação de fertilizante teve um efeito significativo na percentagem de humidade do pepino partenocárpico durante a investigação de dados agrupados, a percentagem de humidade máxima (94,55) foi observada em D_1 (20:10:22 kg/1000 m^2) em comparação com a percentagem de humidade mínima (94,00) em D_3 (30:20:32 kg /1000 m^2) com base na análise agrupada.

(d) Efeito de interação entre cultivares, espaçamento e dose de aplicação de fertilizantes:

O efeito da interação entre cultivares, espaçamento e dose de aplicação de fertilizante apresentado na Tabela 4.28 mostrou uma porcentagem significativa de umidade durante os dois anos de experimentação. Além disso, $T_{12,}$ V D P_{213} (PPC-3 + 20:10:22 kg + 60 x 50 cm) resultou na percentagem máxima de humidade (95,75). No entanto, a percentagem mínima de humidade (93,05) foi registada em T V $D_{27,\ 333}$ P(Hilton + 30:20:32 kg + 60 x 50 cm) com base em dados combinados.

Quadro 4.27: Efeito das cultivares, do espaçamento e da dose de aplicação de fertilizante na percentagem de humidade do pepino partenocárpico em condições de estufa durante o inverno

Fator			2017-18	2018-19	Agrupado
Variedade (V)					
V_1	Pepino Pant -2	partenocárpico	94.04	94.30	94.17
V_2	Pepino Pant -3	partenocárpico	94.50	94.64	94.57
V_3	Hilton		93.64	94.16	93.90
	F - teste		S	S	S
	S. Ed. (±)		0.064	0.016	0.039
	CD a 5%		0.131	0.032	0.079
NPK (kg/1000m^2) (D)					
D_1	20:10:22 kg		94.37	94.73	94.55
D_2	25:15:27 kg		93.98	94.21	94.09
D_3	30:20:32 kg		93.84	94.16	94.00
	F - teste		S	S	S
	S. Ed. (±)		0.064	0.016	0.039
	CD a 5%		0.131	0.032	0.079
Geometria da planta (P)					
P_1	60 x 30		94.03	94.32	94.18
P_2	60 x 40		94.08	94.36	94.22
P_3	60 x 50		94.08	94.42	94.25
	F - teste		NS	S	NS
	S. Ed. (±)		0.064	0.016	0.039
	CD a 5%		0.131	0.032	0.079

Quadro 4.28: Efeito da interação entre cultivares, espaçamento e dose de aplicação de fertilizante na percentagem de humidade do pepino partenocárpico em condições de estufa durante o inverno

Combinação de tratamentos		2017-18	2018-19	Agrupado
T_1	$V + D + P_{111}$	94.20	94.30	94.25
T_2	$V + D + P_{112}$	94.50	94.70	94.60
T_3	$V + D + P_{113}$	94.60	94.90	94.75
T_4	$V + D + P_{121}$	94.40	94.60	94.50
T_5	$V + D + P_{122}$	93.80	94.20	94.00
T_6	$V + D + P_{123}$	93.50	93.80	93.65
T_7	$V + D + P_{131}$	94.20	94.60	94.40
T_8	$V + D + P_{132}$	93.50	93.70	93.60
T_9	$V + D + P_{133}$	93.70	93.90	93.80
T_{10}	$V + D + P_{211}$	94.40	94.80	94.60
T_{11}	$V + D + P_{212}$	94.60	94.90	94.75
T_{12}	$V + D + P_{213}$	95.50	95.80	95.65
T_{13}	$V + D + P_{221}$	94.80	94.40	94.60
T_{14}	$V + D + P_{222}$	94.50	93.70	94.10
T_{15}	$V + D + P_{223}$	94.20	94.70	94.45
T_{16}	$V + D + P_{231}$	93.50	93.90	93.70
T_{17}	$V + D + P_{232}$	94.40	94.70	94.55
T_{18}	$V + D + P_{233}$	94.60	94.90	94.75
T_{19}	$V + D + P_{311}$	93.80	94.50	94.15
T_{20}	$V + D + P_{231}$	93.50	93.80	93.65
T_{21}	$V + D + P_{313}$	94.20	94.90	94.55
T_{22}	$V + D + P_{321}$	93.50	93.90	93.70
T_{23}	$V + D + P_{322}$	93.70	94.80	94.25
T_{24}	$V + D + P_{323}$	93.40	93.80	93.60
T_{25}	$V + D + P_{331}$	93.50	93.90	93.70

T_{26}	$V + D + P_{332}$	94.20	94.70	94.45
T_{27}	$V + D + P_{333}$	93.00	93.10	93.05
Interação (V x D x P)	F - teste	S	S	S
	S. Ed. ($\pm$)	0.193	0.048	0.117
	C.D. a 5%	0.393	0.097	0.238

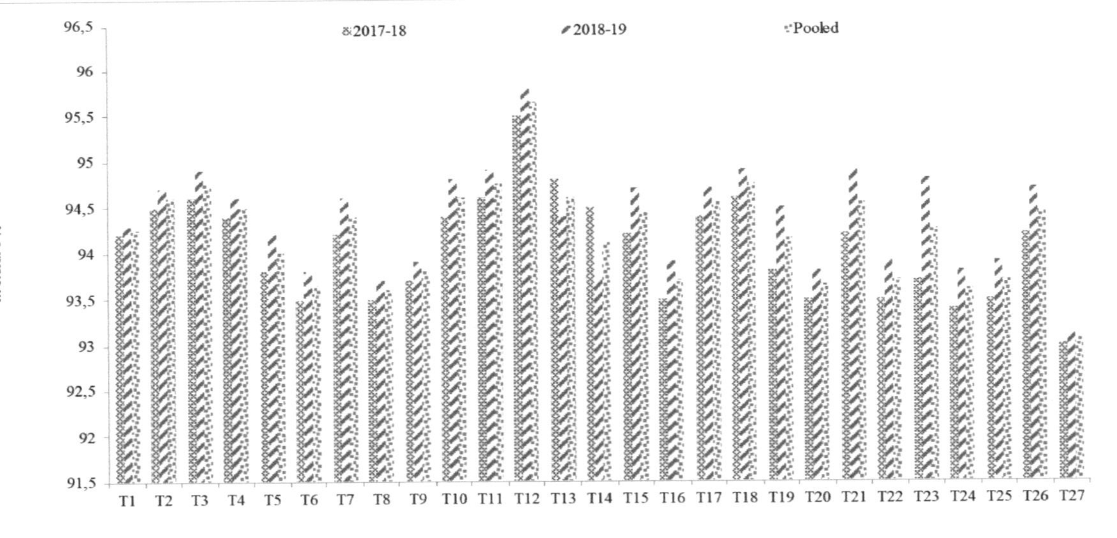

Fig 4.14 Efeito da interação entre as cultivares, o espaçamento e a dose de aplicação de fertilizante na percentagem de humidade do pepino partenocárpico em condições de estufa durante o inverno

137

4.4.4 Aceitação organoléptica

Os dados relativos ao efeito de cultivares, espaçamento e dose de aplicação de fertilizante e os seus efeitos de interação na aceitação organoléptica de pepino partenocárpico em condições de estufa durante a estação de inverno são apresentados no Quadro 4.29 e na Fig. 4.15. A análise de variância é apresentada nos Apêndices XLIII, XLIV e XLV.

(a) Efeito das cultivares:

Os dados apresentados no Quadro 4.29 indicam que a aceitação organoléptica do pepino partenocárpico foi significativamente influenciada por vários tratamentos de cultivares durante ambos os anos de experimentação da estação de inverno. No entanto, com base na análise de dados agrupados, a aceitação organoléptica máxima (7,52) foi registada na cultivar V_2 (Pant Parthenocarpic Cucumber-3) em comparação com a aceitação organoléptica mínima (7,18) na cultivar V_3 (Hilton)

(b) Efeito do espaçamento:

Os dados apresentados na Tabela 4.29 indicam que a aceitação organoléptica do pepino foi significativamente influenciada por vários tratamentos de espaçamento durante os dois anos de experimentação. Os dados agrupados mostraram que a aceitação organoléptica máxima (7,49) foi registada em P_3 (60 x 50 cm) e a aceitação organoléptica mínima (7,30) em P1 (60 x 30 cm).

(c) Efeito da dose de aplicação de fertilizante:

Os dados apresentados em 4.29 mostram que a dose de aplicação de fertilizante teve um efeito significativo na aceitação organoléptica do pepino partenocárpico durante a investigação de dados agrupados, a aceitação organoléptica máxima (7,50) foi observada em D_3 (30:20:32 kg/1000 m^2) em comparação com a aceitação organoléptica mínima (7,31) em D_2 (25:15:27 kg /1000 m^2) com base na análise agrupada.

(d) Efeito de interação entre cultivares, espaçamento e dose de aplicação de fertilizantes:

O efeito de interação entre as cultivares, o espaçamento e a dose de aplicação de fertilizante apresentado no Quadro 4.30 mostrou uma aceitação organoléptica significativa durante ambos os anos de experimentação. Além disso, T_{18}, V D P_{233} (PPC-3 + 30:20:32 kg + 60 x 50 cm) resultou em aceitação organoléptica máxima

(8,75). No entanto, a aceitação organoléptica mínima (7,20) foi registada em T V $D_{27,}$ $_{333}$ P(Hilton + 30:20:32 kg + 60 x 50 cm) com base em dados agrupados.

Quadro 4.29: Efeito das cultivares, do espaçamento e da dose de aplicação de fertilizante na aceitação organoléptica do pepino partenocárpico em condições de estufa durante o inverno

Fator			2017-18	2018-19	Agrupado
Variedade (V)					
V_1	Pepino	partenocárpico	7.31	7.62	7.47
	Pant -2				
V_2	Pepino	partenocárpico	7.40	7.64	7.52
	Pant -3				
V_3	Hilton		7.09	7.27	7.18
	F - teste		S	S	S
	S Ed. (±)		0.059	0.062	0.060
	CD a 5%		0.119	0.126	0.122
NPK (kg/1000m^2) (D)					
D_1	20:10:22 kg		7.26	7.47	7.36
D_2	25:15:27 kg		7.18	7.43	7.31
D_3	30:20:32 kg		7.37	7.63	7.50
	F - teste		S	S	S
	S. Ed. (±)		0.059	0.062	0.060
	CD a 5%		0.119	0.126	0.122
Geometria da planta (P)					
P_1	60 x 30		7.18	7.42	7.30
P_2	60 x 40		7.28	7.48	7.38
P_3	60 x 50		7.34	7.63	7.49
	F - teste		S	S	S
	S. Ed. (±)		0.059	0.062	0.060
	CD a 5%		0.119	0.126	0.122

Quadro 4.30: Efeito da interação entre as cultivares, o espaçamento e a dose de aplicação de fertilizante na aceitação orgonoléptica do pepino partenocárpico em condições de estufa durante o inverno

Combinação de tratamentos		2017-18	2018-19	Agrupado
T_1	$V + D + P_{111}$	7.30	7.40	7.35
T_2	$V + D + P_{112}$	7.80	7.90	7.85
T_3	$V + D + P_{113}$	7.20	7.40	7.30
T_4	$V + D + P_{121}$	7.80	7.90	7.85
T_5	$V + D + P_{122}$	7.00	7.40	7.20
T_6	$V + D + P_{123}$	7.10	7.70	7.40
T_7	$V + D + P_{131}$	7.00	7.60	7.30
T_8	$V + D + P_{132}$	7.00	7.40	7.20
T_9	$V + D + P_{133}$	7.60	7.90	7.75
T_{10}	$V + D + P_{211}$	7.20	7.30	7.25
T_{11}	$V + D + P_{212}$	7.20	7.50	7.35
T_{12}	$V + D + P_{213}$	7.10	7.60	7.35
T_{13}	$V + D + P_{221}$	7.00	7.40	7.20
T_{14}	$V + D + P_{222}$	7.70	7.50	7.60
T_{15}	$V + D + P_{223}$	7.00	7.40	7.20
T_{16}	$V + D + P_{231}$	7.00	7.30	7.15
T_{17}	$V + D + P_{232}$	7.80	7.90	7.85
T_{18}	$V + D + P_{233}$	8.60	8.90	8.75
T_{19}	$V + D + P_{311}$	7.10	7.40	7.25
T_{20}	$V + D + P_{231}$	7.20	7.40	7.30
T_{21}	$V + D + P_{313}$	7.20	7.30	7.25
T_{22}	$V + D + P_{321}$	7.00	7.20	7.10
T_{23}	$V + D + P_{322}$	6.80	7.20	7.00
T_{24}	$V + D + P_{323}$	7.20	7.20	7.20

T$_{25}$	V +D +P$_{331}$	7.20	7.30	7.25
T$_{26}$	V +D +P$_{332}$	7.00	7.10	7.05
T$_{27}$	V +D +P$_{333}$	7.10	7.30	7.20
Interação (Vx D x P)	F - teste	S	S	S
	S. Ed. ($\pm$)	0.176	0.186	0.179
	CD. a 5%	0.358	0.377	0.365

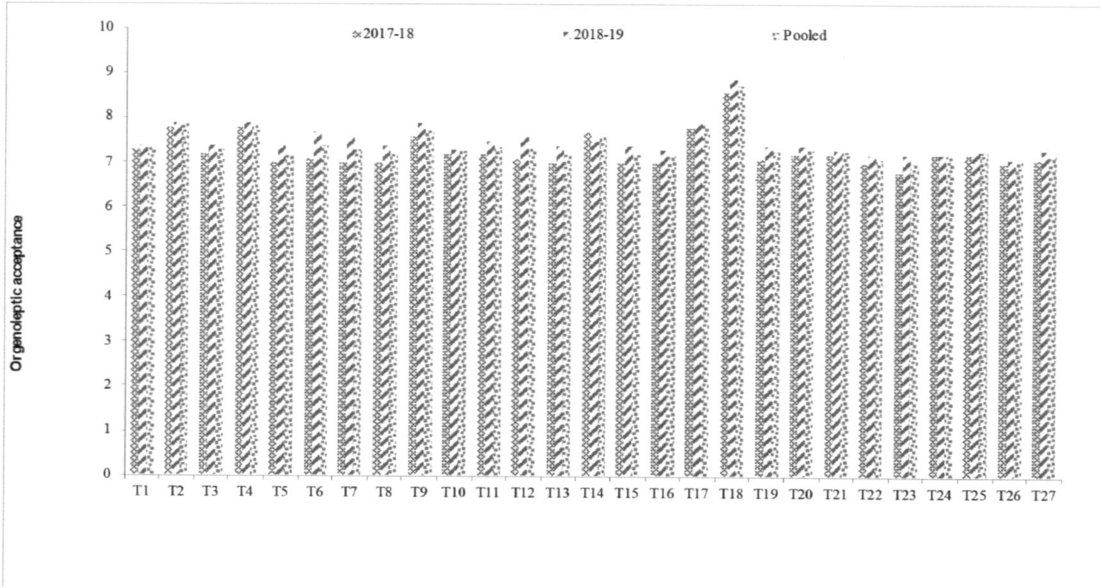

Fig 4.15: Efeito da interação entre cultivares, espaçamento e dose de aplicação de fertilizante na aceitação orgenoléptica do pepino partenocárpico em condições de estufa durante o inverno.

4.4.5 Sólidos solúveis totais (°Brix)

Os dados relativos ao efeito de cultivares, espaçamento e dose de aplicação de fertilizante e os seus efeitos de interação nos sólidos solúveis totais de pepino partenocárpico em condições de estufa durante a estação de inverno são apresentados no Quadro 4.31 e na Fig. 4.16. A análise de variância é apresentada nos Apêndices XLVI, XLVII e XLVIII.

(a) Efeito das cultivares:

Os dados apresentados no Quadro 4.31 indicam que os sólidos solúveis totais do pepino partenocárpico foram significativamente influenciados por vários tratamentos de cultivar durante ambos os anos de experimentação da estação de inverno; no entanto, com base na análise de dados agrupados, o máximo de sólidos solúveis totais (3.41°Brix) foi registado na cultivar V_2 (Pant Parthenocarpic Cucumber-3) em comparação com o mínimo de sólidos solúveis totais (3,22°Brix) na cultivar V_1 (Pant Parthenocarpic Cucumber-2).

(b) Efeito do espaçamento:

Os dados apresentados na Tabela 4.31 indicam que os sólidos solúveis totais do pepino foram significativamente influenciados por vários tratamentos de espaçamento durante ambos os anos de experimentação. Os dados agrupados mostraram que o máximo de sólidos solúveis totais (3,35°Brix) foi registado em P_3 (60 x 50 cm) e o mínimo de sólidos solúveis totais (3,29°Brix) em P1 (60 x 30 cm).

(c) Efeito da dose de aplicação de fertilizante:

Os dados apresentados na Tabela 4.31 mostram que a dose de aplicação de fertilizante teve um efeito significativo nos sólidos solúveis totais do pepino partenocárpico durante a investigação de dados agrupados, observando-se o máximo de sólidos solúveis totais (3,40°Brix) em D_3 (30:20:32 kg/1000 m^2) em comparação com o mínimo de sólidos solúveis totais (3,24°Brix) em D_1 (20:10:22 kg /1000 m^2) com base na análise agrupada.

(d) Efeito de interação entre cultivares, espaçamento e dose de aplicação de fertilizantes:

O efeito de interação de cultivares, espaçamento e dose de aplicação de fertilizante apresentado na Tabela 4.32 mostrou sólidos solúveis totais não significativos durante ambos os anos de experimentação. Além disso, T_{18}, V D P_{233} (PPC-3 + 30:20:32 kg + 60 x 50 cm) resultou em sólidos solúveis totais máximos (3,57°Brix). No entanto, o mínimo de sólidos solúveis totais (3,15) foi registado em T V D_1, $_{111}$ P(PPC-2 + 20:10:22 kg + 60 x 30 cm) com base em dados agrupados.

Tabela 4.31: Efeito de cultivares, espaçamento e dose de aplicação de fertilizante sólidos solúveis totais (°Brix) de pepino partenocárpico em condições de estufa durante o inverno

Fator			2017-18	2018-19	Agrupado
Variedade (V)					
V_1	Pepino	partenocárpico	3.18	3.26	3.22
	Pant -2				
V_2	Pepino	partenocárpico	3.36	3.46	3.41
	Pant -3				
V_3	Hilton		3.29	3.38	3.33
	F - teste		S	S	S
	S Ed. (±)		0.023	0.012	0.017
	CD a 5%		0.047	0.024	0.034
NPK (kg/1000m²) (D)					
D_1	20:10:22 kg		3.20	3.29	3.24
D_2	25:15:27 kg		3.27	3.36	3.32
D_3	30:20:32 kg		3.35	3.45	3.40
	F - teste		S	S	S
	S Ed. (±)		0.023	0.012	0.017
	CD a 5%		0.047	0.024	0.034
Geometria da planta (P)					
P_1	60 x 30		3.24	3.33	3.29
P_2	60 x 40		3.28	3.37	3.32
P_3	60 x 50		3.30	3.40	3.35
	F - teste		NS	S	S
	S Ed. (±)		0.023	0.012	0.017

		0.047	0.024	0.034
CD a 5%				

Quadro 4.32: Efeito da interação entre as cultivares, o espaçamento e a dose de aplicação de fertilizante nos sólidos solúveis totais (°Brix) do pepino partenocárpico em condições de estufa durante o inverno

Combinação de tratamentos		2017-18	2018-19	Agrupado
T_1	$V+D+P_{111}$	3.12	3.18	3.15
T_2	$V+D+P_{112}$	3.15	3.19	3.17
T_3	$V+D+P_{113}$	3.16	3.23	3.20
T_4	$V+D+P_{121}$	3.15	3.25	3.20
T_5	$V+D+P_{122}$	3.18	3.27	3.23
T_6	$V+D+P_{123}$	3.19	3.27	3.23
T_7	$V+D+P_{131}$	3.19	3.29	3.24
T_8	$V+D+P_{132}$	3.22	3.31	3.27
T_9	$V+D+P_{133}$	3.26	3.36	3.31
T_{10}	$V+D+P_{211}$	3.21	3.31	3.26
T_{11}	$V+D+P_{212}$	3.25	3.36	3.31
T_{12}	$V+D+P_{213}$	3.28	3.39	3.34
T_{13}	$V+D+P_{221}$	3.32	3.41	3.37
T_{14}	$V+D+P_{222}$	3.36	3.47	3.42
T_{15}	$V+D+P_{223}$	3.39	3.48	3.44
T_{16}	$V+D+P_{231}$	3.41	3.53	3.47
T_{17}	$V+D+P_{232}$	3.47	3.59	3.53
T_{18}	$V+D+P_{233}$	3.51	3.62	3.57
T_{19}	$V+D+P_{311}$	3.19	3.28	3.24
T_{20}	$V+D+P2_{31}$	3.21	3.32	3.27
T_{21}	$V+D+P_{313}$	3.23	3.33	3.28
T_{22}	$V+D+P_{321}$	3.26	3.35	3.31
T_{23}	$V+D+P_{322}$	3.28	3.37	3.33
T_{24}	$V+D+P_{323}$	3.31	3.41	3.36

T_{25}	$V+D+P_{331}$	3.35	3.41	3.38
T_{26}	$V+D+P_{332}$	3.38	3.46	3.42
T_{27}	$V+D+P_{333}$	3.39	3.49	3.44
Interação (Vx D x P)	F - teste	NS	NS	NS
	S. Ed. (±)	0.070	0.035	0.050
	CD a 5%	0.142	0.071	0.101

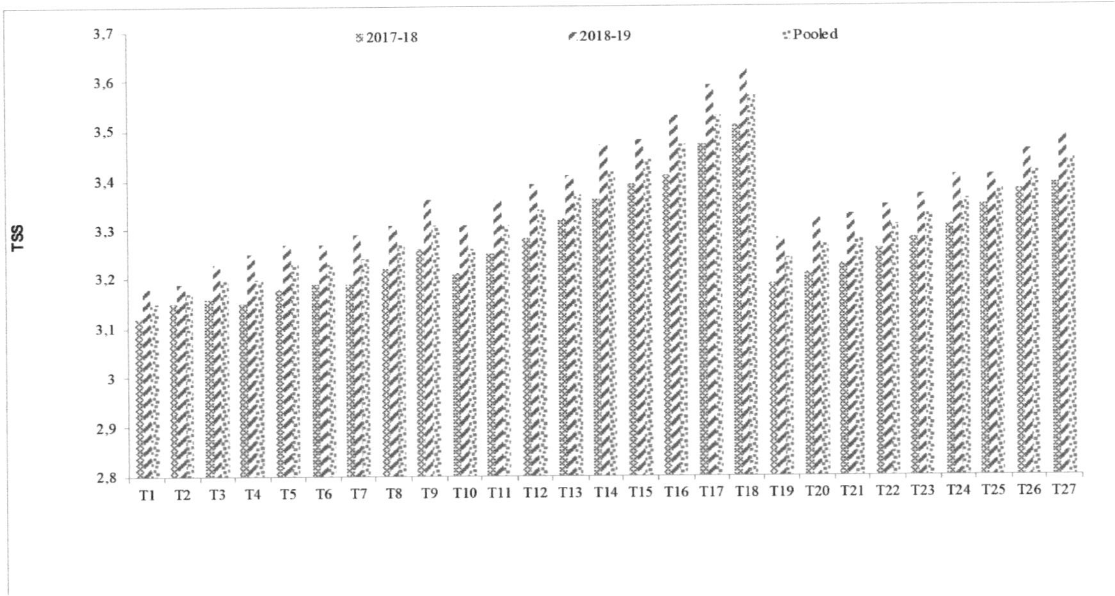

Fig 4.16: Efeito da interação entre as cultivares, o espaçamento e a dose de aplicação de fertilizante nos sólidos solúveis totais (°Brix) do pepino partenocárpico em condições de estufa durante o inverno.

147

4.4.6 Volume do fruto (cc)

Os dados relativos ao efeito de cultivares, espaçamento e dose de aplicação de fertilizante e os seus efeitos de interação no volume de frutos de pepino partenocárpico em condições de estufa durante a estação de inverno são apresentados no Quadro 4.33 e na Fig. 4.17. A análise de variância é apresentada no Apêndice XLIX, L e LI.

(a) Efeito das cultivares:

Os dados apresentados no Quadro 4.33 indicam que o volume dos frutos do pepino partenocárpico não foi significativamente influenciado por vários tratamentos de cultivares durante ambos os anos de experimentação da estação de inverno; no entanto, com base na análise de dados agrupados, o volume máximo de frutos (125,33) foi registado na cultivar V_2 (Pant Parthenocarpic Cucumber-3) em comparação com o volume mínimo de frutos (125,26) na cultivar V_1 (Pant Parthenocarpic Cucumber-2)

(b) Efeito do espaçamento:

Os dados apresentados na Tabela 4.33 indicam que o volume de frutos do pepino foi significativamente influenciado por vários tratamentos de espaçamento durante os dois anos de experimentação. Os dados agrupados mostraram que o volume máximo de frutos (126,39) foi registado em P_3 (60 x 50 cm) e o volume mínimo de frutos (124,26) em P1 (60 x 30 cm).

(c) Efeito da dose de aplicação de fertilizante:

Os dados apresentados na Tabela 4.33 mostram que a dose de aplicação de fertilizante teve um efeito significativo no volume de frutos do pepino partenocárpico durante a investigação de dados agrupados, o volume máximo de frutos (125,34) foi observado em D_3 (30:20:32 kg/1000 m^2) em comparação com o volume mínimo de frutos (125,25) em D_1 (20:10:22 kg /1000 m^2) com base na análise agrupada.

(d) Efeito de interação entre cultivares, espaçamento e dose de aplicação de fertilizantes:

O efeito de interação entre cultivares, espaçamento e dose de aplicação de fertilizante apresentado na Tabela 4.34 mostrou um volume significativo de frutos durante os dois anos de experimentação. Além disso, T_{18}, V D P_{233} (PPC-3 + 30:20:32 kg + 60 x 50 cm) resultou no volume máximo de frutos (126,50). No entanto, o volume mínimo de frutos (124,22) foi registado em T V $D_{1,\,111}$ P(PPC-2 + 20:10:22 kg + 60 x 30 cm) com base em dados agrupados.

Tabela 4.33: Efeito de cultivares, espaçamento e dose de aplicação de fertilizante no volume de frutos (cc) de pepino partenocárpico em condições de estufa durante o inverno

Fator			2017-18	2018-19	Agrupado
Variedade (V)					
V_1	Pepino Pant -2	partenocárpico	125.25	125.27	125.26
V_2	Pepino Pant -3	partenocárpico	125.31	125.34	125.33
V_3	Hilton		125.27	125.29	125.28
	F - teste		NS	NS	NS
	S Ed. ($\pm$)		0.221	0.227	0.216
	CD a 5%		0.450	0.460	0.439
NPK (kg/1000m^2) (D)					
D_1	20:10:22 kg		125.23	125.26	125.25
D_2	25:15:27 kg		125.27	125.29	125.28
D_3	30:20:32 kg		125.33	125.35	125.34
	F - teste		NS	NS	NS
	S Ed. ($\pm$)		0.221	0.227	0.216
	CD a 5%		0.450	0.460	0.439
Geometria da planta (P)					
P_1	60 x 30		124.25	124.27	124.26
P_2	60 x 40		125.20	125.23	125.21
P_3	60 x 50		126.38	126.40	126.39
	F - teste		S	S	S
	S. Ed. ($\pm$)		0.221	0.227	0.216
	CD a 5%		0.450	0.460	0.439

 Efeito da interação entre cultivares, espaçamento e dose de aplicação de fertilizante no volume de frutos (cc) de pepino partenocárpico em condições de estufa durante o inverno

Combinação de tratamentos		2017-18	2018-19	Agrupado
T_1	$V + D + P_{111}$	124.21	124.23	124.22
T_2	$V + D + P_{112}$	125.12	125.15	125.14
T_3	$V + D + P_{113}$	126.31	126.35	126.33
T_4	$V + D + P_{121}$	124.23	124.24	124.24
T_5	$V + D + P_{122}$	125.17	125.19	125.18
T_6	$V + D + P_{123}$	126.36	126.37	126.37
T_7	$V + D + P_{131}$	124.28	124.29	124.29
T_8	$V + D + P_{132}$	125.19	125.21	125.20
T_9	$V + D + P_{133}$	126.37	126.38	126.38
T_{10}	$V + D + P_{211}$	124.24	124.26	124.25
T_{11}	$V + D + P_{212}$	125.16	125.18	125.17
T_{12}	$V + D + P_{213}$	126.37	126.39	126.38
T_{13}	$V + D + P_{221}$	124.27	124.29	124.28
T_{14}	$V + D + P_{222}$	125.18	125.22	125.20
T_{15}	$V + D + P_{223}$	126.39	126.42	126.41
T_{16}	$V + D + P_{231}$	124.29	124.29	124.29
T_{17}	$V + D + P_{232}$	125.42	125.49	125.46
T_{18}	$V + D + P_{233}$	126.49	126.51	126.50
T_{19}	$V + D + P_{311}$	124.22	124.25	124.24
T_{20}	$V + D + P_{231}$	125.14	125.18	125.16
T_{21}	$V + D + P_{313}$	126.34	126.36	126.35
T_{22}	$V + D + P_{321}$	124.26	124.28	124.27
T_{23}	$V + D + P_{322}$	125.18	125.19	125.19
T_{24}	$V + D + P_{323}$	126.39	126.41	126.40
T_{25}	$V + D + P_{331}$	124.29	124.31	124.30

T$_{26}$	V +D +P$_{332}$	125.23	125.26	125.25
T$_{27}$	V +D +P$_{333}$	126.39	126.40	126.40
Interação (V x D x P)	F - teste	NS	NS	NS
	S. Ed. (±)	0.664	0.680	0.648
	CD. a 5%	1.350	1.381	1.317

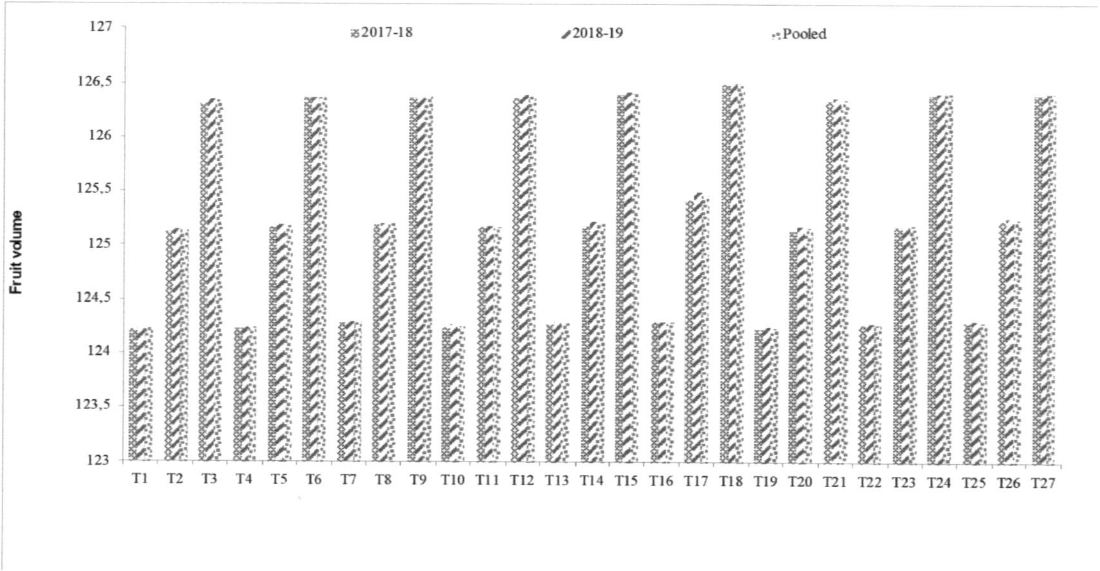

Fig 4.17: Efeito da interação entre cultivares, espaçamento e dose de aplicação de fertilizante no volume de frutos de pepino partenocárpico em condições de estufa durante o inverno.

152

4.4.7 Gravidade específica dos frutos (g cm)$^{-3}$

Os dados relativos ao efeito de cultivares, espaçamento e dose de aplicação de fertilizante e seus efeitos de interação na gravidade específica dos frutos de pepino partenocárpico em condições de estufa durante a estação de inverno são apresentados no Quadro 4.35 e na Fig. 4.18. A análise de variância é apresentada nos Apêndices LII, LIII e LIV.

(a) Efeito das cultivares:

Os dados apresentados no Quadro 4.35 mostram que a gravidade específica dos frutos do pepino partenocárpico não foi significativamente influenciada por vários tratamentos de cultivar durante ambos os anos de experimentação da estação de inverno; no entanto, com base na análise de dados agrupados, foi registada a mesma gravidade específica (0,93) em todas as cultivares, como V_2 (Pepino partenocárpico Pant-3), V_1 (Pepino partenocárpico Pant-2) e V_3 (Hilton).

(b) Efeito do espaçamento:

Os dados apresentados na Tabela 4.35 indicam que a gravidade específica dos frutos do pepino foi significativamente influenciada por vários tratamentos de espaçamento durante os dois anos de experimentação. Os dados agrupados mostraram que a gravidade específica máxima dos frutos (0,94) foi registada em P_3 (60 x 50 cm) e a gravidade específica mínima dos frutos (0,91) em P1 (60 x 30 cm).

(c) Efeito da dose de aplicação de fertilizante:

Os dados apresentados na Tabela 4.35 mostram que a dose de aplicação de fertilizante teve um efeito significativo na gravidade específica dos frutos do pepino partenocárpico durante a investigação de dados agrupados, a gravidade específica máxima dos frutos (0,94) foi observada em D_3 (30:20:32 kg/1000 m^2) em comparação com a gravidade específica mínima dos frutos (0,91) em D_1 (20:10:22 kg /1000 m^2) com base na análise agrupada.

(d) Efeito de interação entre cultivares, espaçamento e dose de aplicação de fertilizantes:

O efeito de interação de cultivares, espaçamento e dose de aplicação de fertilizante apresentado na Tabela 4.36 mostrou uma gravidade específica de frutos significativa durante ambos os anos de experimentação. Além disso, T V $D_{18,233}$ P(PPC-3 + 30:20:32 kg + 60 x 50 cm) resultou em gravidade específica máxima dos frutos (0,95). No entanto, a gravidade específica mínima dos frutos (0,91) foi registada em T V $D_{1, 111}$ P(PPC-2 + 20:10:22 kg + 60 x 30 cm) com base em dados agrupados.

Tabela 4.35: Efeito de cultivares, espaçamento e dose de aplicação de fertilizante na gravidade específica dos frutos de pepino partenocárpico em condições de estufa durante o inverno

Fator			2017-18	2018-19	Agrupado
Variedade (V)					
V_1	Pepino Pant -2	partenocárpico	0.93	0.93	0.93
V_2	Pepino Pant -3	partenocárpico	0.93	0.93	0.93
V_3	Hilton		0.93	0.93	0.93
	F - teste		NS	NS	NS
	S Ed. (±)		0.003	0.002	0.003
	CD a 5%		0.007	0.005	0.006
NPK (kg/1000m²) (D)					
D_1	20:10:22 kg		0.91	0.91	0.91
D_2	25:15:27 kg		0.93	0.93	0.93
D_3	30:20:32 kg		0.94	0.94	0.94
	F - teste		S	S	S
	S. Ed. (±)		0.003	0.002	0.003
	CD a 5%		0.007	0.005	0.006
Geometria da planta (P)					
P_1	60 x 30		0.91	0.91	0.91
P_2	60 x 40		0.93	0.93	0.93
P_3	60 x 50		0.94	0.94	0.94

F - teste		S	S	S
S. Ed. (±)		0.003	0.002	0.003
CD a 5%		0.007	0.005	0.006

Quadro 4.36: Efeito da interação entre cultivares, espaçamento e dose de aplicação de fertilizante na gravidade específica dos frutos de pepino partenocárpico em condições de estufa durante o inverno

Combinação de tratamentos		2017-18	2018-19	Agrupado
T_1	$V +D +P_{111}$	0.90	0.90	0.90
T_2	$V +D +P_{112}$	0.91	0.91	0.91
T_3	$V +D +P_{113}$	0.92	0.92	0.92
T_4	$V +D +P_{121}$	0.91	0.91	0.91
T_5	$V +D +P_{122}$	0.94	0.94	0.94
T_6	$V +D +P_{123}$	0.94	0.94	0.94
T_7	$V +D +P_{131}$	0.92	0.92	0.92
T_8	$V +D +P_{132}$	0.95	0.95	0.95
T_9	$V +D +P_{133}$	0.95	0.95	0.95
T_{10}	$V +D +P_{211}$	0.91	0.91	0.91
T_{11}	$V +D +P_{212}$	0.91	0.91	0.91
T_{12}	$V +D +P_{213}$	0.92	0.92	0.92
T_{13}	$V +D +P_{221}$	0.91	0.91	0.91
T_{14}	$V +D +P_{222}$	0.94	0.94	0.94
T_{15}	$V +D +P_{223}$	0.94	0.94	0.94
T_{16}	$V +D +P_{231}$	0.92	0.92	0.92
T_{17}	$V +D +P_{232}$	0.95	0.95	0.95
T_{18}	$V +D +P_{233}$	0.95	0.95	0.95
T_{19}	$V +D +P_{311}$	0.90	0.91	0.91
T_{20}	$V +D +P_{231}$	0.91	0.91	0.91
T_{21}	$V +D +P_{313}$	0.92	0.93	0.92
T_{22}	$V +D +P_{321}$	0.91	0.91	0.91
T_{23}	$V +D +P_{322}$	0.94	0.94	0.94

T_{24}	$V + D + P_{323}$	0.94	0.94	0.94
T_{25}	$V + D + P_{331}$	0.92	0.92	0.92
T_{26}	$V + D + P_{332}$	0.95	0.95	0.95
T_{27}	$V + D + P_{333}$	0.95	0.95	0.95
Interação (Vx D x P)	F - teste	NS	NS	NS
	S. Ed. ($\pm$)	0.010	0.007	0.008
	CD. a 5%	0.020	0.015	0.017

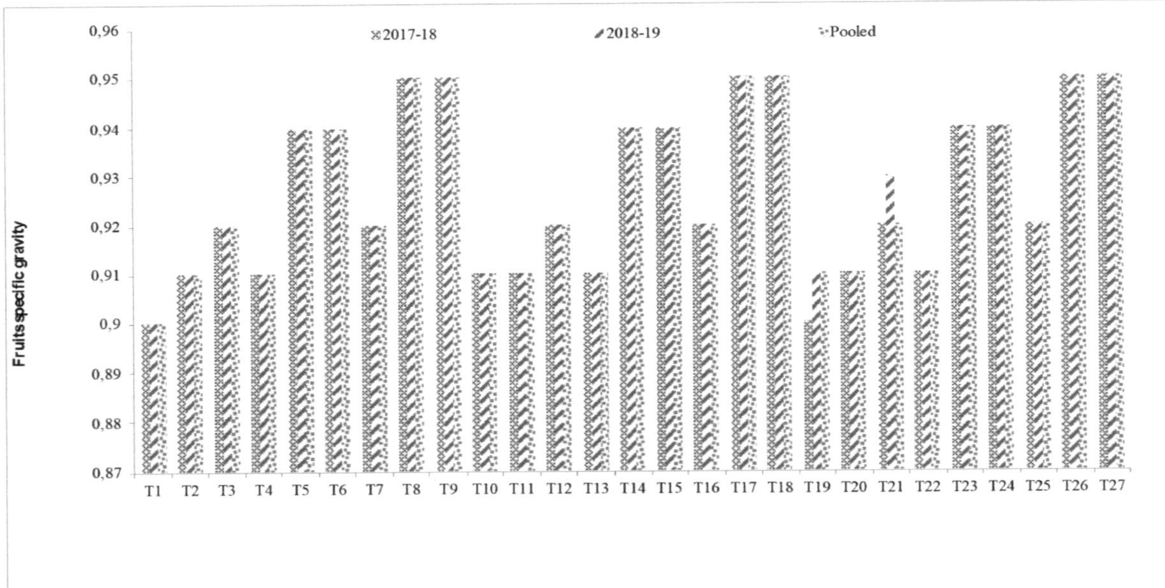

Fig 4.18: Efeito da interação entre as cultivares, o espaçamento e a dose de aplicação de fertilizante na gravidade específica dos frutos do pepino partenocárpico em condições de estufa durante o inverno.

O forte efeito da estação do ano na qualidade dos frutos de pepino, independentemente da cultura hidropónica utilizada, também foi constatado por Femandez Tmjillo *et al.* (2003). É bem sabido que a radiação e a temperatura influenciam o crescimento e a qualidade dos frutos (Gruda, 2005), devido à relação bem conhecida com a fotossíntese, a transpiração e a taxa de crescimento (Mareelis e Gijzen, 1998). Assim, numa cultura em estufa sem stress, sem enriquecimento de CO_2 e com humidade relativa adequada controlada por ventilação, a temperatura e a radiação interceptada são as únicas variáveis climáticas que interagem com o sistema planta-pepino (Gruda, 2005).

No entanto, os frutos de pepino cultivados durante o inverno tinham uma cor de pele verde mais escura e apresentavam melhor qualidade. Este resultado também foi relatado por Gomez-Lopez *et al.* (2006) em pepino. No presente estudo, duas cultivares (pepino partenocárpico Pant-3 e pepino partenocárpico Pant-2) apresentaram uma cor verde escura e a cultivar Hilton apresentou uma cor verde clara. A cor dos frutos é o indicador mais importante da frescura dos produtos hortícolas. Os resultados apresentados no capítulo anterior mostram claramente que várias cultivares, a geometria das plantas e a dose de fertilizante melhoram significativamente as características de qualidade dos frutos, como o comprimento e a largura dos frutos do pepino em condições de estufa durante o inverno.

De acordo com a análise combinada, o comprimento máximo do fruto (18,35 cm) e a largura do fruto (3,45 cm) foram obtidos na cultivar Pant parthenocarpic cucumber-3 (Tabela 4.23 e 4.25), que foi encontrada significativamente a par com Hilton. De acordo com Shaw *et al.* (2000), em pepino, as medidas de qualidade como comprimento e largura do fruto foram encontradas significativamente nas cultivares. É possível que, para certas cultivares de pepino de estufa, as características de comprimento e largura dos frutos dependam da idade da planta e/ou de alterações no ambiente, pelo que o tamanho dos frutos varia durante a estação. A análise de variância revelou diferenças significativas no comprimento e na largura dos frutos do pimento cultivado em estufa (Pandey *et al.*, 2005). À medida que o inverno avança, a temperatura média torna-se mais baixa e a duração do dia diminui, factores que provocam um desenvolvimento mais lento dos frutos, o que leva a frutos mais compridos em algumas cultivares.

Verificou-se que o comprimento e a largura dos frutos foram significativamente influenciados pelos tratamentos de espaçamento. O comprimento máximo do fruto (17,87 cm) e a largura (3,45 cm) foram obtidos no espaçamento P_3, 60 x 50 cm, em comparação com o comprimento e a largura mais baixos do fruto (17,07 e 3,39 cm) no espaçamento P_1 , 60 x 30 cm; respetivamente. Isso pode ser devido à disponibilidade de mais espaço no espaçamento de *60 x 50 cm em* comparação com 60 x 30 cm (Tabela 4.23 e 4.25), que fornece condições adequadas para o crescimento e desenvolvimento adequados dos frutos. Resultados semelhantes também foram obtidos no tomate por **Bahadur e Singh (2005).** O aumento do tamanho em termos de comprimento e largura dos frutos com espaçamento mais largo e aplicação máxima de nutrientes pode ser devido ao aumento do crescimento vegetativo e da fotossíntese, o que levou à acumulação de mais hidratos de carbono e outros metabolitos que, em última análise, se deslocam para o tecido do fruto. A aplicação de fertilizantes teve uma influência significativa no comprimento e largura dos frutos do pepino cultivado em estufa durante ambos os anos. O comprimento e a largura mais altos dos frutos (18,20 cm e 3,46 cm) foram registados com NPK máximo, aplicação de fertilizantes D_3, 30:20:32 kg (Tabela 4.23 e 4.25). O efeito de interação de cultivares, espaçamento e dose de fertilizante teve uma influência significativa no comprimento do fruto e na largura do fruto do pepino durante ambos os anos, conforme os dados agrupados (Tabela 4.24 e 4.26*).* O comprimento máximo dos frutos (19,50 cm) foi registado no tratamento T_{18} , V +D +P_{233} (pepino partenocárpico Pant -3 + 60 x 50 cm + 30:20:32 kg), em comparação com a combinação de tratamentos T_1 . É explícito a partir dos resultados apresentados no capítulo anterior que várias cultivares, espaçamento e dose de fertilizante com todos os efeitos de interação foram encontrados para ter uma influência significativa sobre o teor de humidade e aceitação organoléptica do pepino durante ambos os anos (Tabela 4.27 e 4.29). No entanto, o teor de humidade máximo (94,57 %) e a classificação mais elevada na aceitação organoléptica (7,52) foram encontrados na cultivar V_2 (pepino partenocárpico Pant -

3) entre todas as cultivares utilizadas na experimentação. Os dados apresentados na (Tabela 4.27 e 4.29) revelam que o teor de humidade e o valor organolético do fruto foram significativamente afectados devido ao efeito de interação de cultivares, espaçamento e dose de aplicação de fertilizante. Com base nos dados agrupados, o tratamento T_{18} , V +D +P_{233} (pepino partenocárpico Pant -3 + 60 x 50 cm + 30:20:32 kg).exibiu maior teor de humidade (95,65 %) em T_{12} , V +D +P_{213} e aceitação organoléptica (8,75) durante o agrupamento (Tabela 4.28 e 4.30). Pevicharova e Velkov (2007) relataram uma variação significativa das variedades, tempo de colheita e suas interacções em todos os caracteres sensoriais do pepino. Os resultados obtidos na presente investigação revelaram que as várias cultivares, o espaçamento e a dose de aplicação de fertilizante influenciaram de forma não significativa o SST, o volume do fruto e a gravidade específica do pepino partenocárpico em condições de estufa durante a análise de dados agrupados. (Apêndices XLVI, XLVII, XLVIII e XLIX,L,LI), respetivamente. Fernandez-Trujillo *et al.* (2003) verificaram uma melhor qualidade dos frutos de pepino de conserva durante o inverno do que na primavera, e também um aumento linear do teor de SST durante o inverno de 3,80 para 4,20 Brix (em 6 semanas), enquanto a tendência oposta foi observada na primavera (de 4,1 0 para 3,4 °Brix em 5 semanas). Estes resultados indicam que o efeito dos nutrientes na qualidade dos frutos pode variar consoante a estação do ano e as cultivares utilizadas. Entre as cultivares utilizadas no presente estudo, o TSS máximo (3,41^0 Barix), o volume máximo do fruto (125,337) e a gravidade específica do fruto (0,938) foram registados na cultivar (V2) de pepino partenocárpico Pant -3 em comparação com Hilton e pepino partenocárpico Pant -2 durante ambos os anos.

Isto pode dever-se às características varietais do pepino. A interação entre a cultivar, o espaçamento e a dose de fertilizantes do SST, o volume do fruto e a gravidade específica do fruto do pepino também não foi influenciada de forma significativa com a análise de dados agrupados (Apêndices LII, LIII e LIV), Utrestarazu e Mazuela (2005).

4.5 ESTADO NUTRICIONAL DAS FOLHAS DE PEPINO

4.5.1 Azoto total na folha (%)

Os dados relativos ao efeito de cultivares, espaçamento e dose de aplicação de fertilizante e os seus efeitos de interação no azoto total na folha (%) de pepino partenocárpico em condições de estufa durante a estação de inverno são apresentados no Quadro 4.37 e na Fig. 4.19. A análise de variância é apresentada nos apêndices LV, LVI e LVII.

(a) Efeito das cultivares:

Os dados apresentados no Quadro 4.37 indicam que o azoto total na folha (%) do pepino partenocárpico foi significativamente influenciado por vários tratamentos de cultivar durante ambos os anos de experimentação da estação de inverno; no entanto, com base na análise de dados agrupados, o azoto total máximo na folha (3,55 %) foi registado na cultivar V_2 (Pant Parthenocarpic Cucumber-3) em comparação com o azoto total mínimo na folha (3,48 %) na cultivar V_1 (Pant Parthenocarpic Cucumber-2)

(b) Efeito do espaçamento:

Os dados apresentados no Quadro 4.37 indicam que o azoto total na folha (%) do pepino foi significativamente influenciado por vários tratamentos de espaçamento durante ambos os anos de experimentação. Os dados agrupados mostraram que o máximo de nitrogênio total na folha ((3,58 %) foi registrado em P_3 (60 x 50 cm) e o mínimo de nitrogênio total na folha (3,41 %) em P_1 (60 x 30 cm).

(c) Efeito da dose de aplicação de fertilizante:

Os dados apresentados na Tabela 4.37 mostram que a dose de aplicação de fertilizante teve um efeito significativo no nitrogênio total na folha (%) do pepino partenocárpico durante a investigação de dados agrupados, o nitrogênio total máximo na folha (3,66 %) foi observado em D_3 (30:20:32 kg/1000 m^2) em comparação com o nitrogênio total mínimo na folha (3,33 %) em D_1 (20:10:22 kg /1000 m^2) com base na análise agrupada.

(d) Efeito de interação entre cultivares, espaçamento e dose de aplicação de fertilizantes:

O efeito de interação de cultivares, espaçamento e dose de aplicação de fertilizante apresentado na Tabela 4.38 mostrou azoto total significativo na folha (%) durante ambos os anos de experimentação. Além disso, T_{18}, V D P_{233} (PPC-3 + 30:20:32 kg +

60 X 50 cm) resultou em nitrogênio total máximo na folha (3,81 %). e foi seguido de perto por T V +$D_{27,333}$ +Pe T V +$D_{17,232}$ +P(3.71 %) o mesmo valor, ambos estaticamente a par com T_{18} No entanto, o azoto total mínimo na folha (3,22 %) foi registado em T V $D_{1\ 111}$ P(PPC-2 +20:10:22 kg + 60 X 30 cm) com base em dados agrupados.

Quadro 4.37: Efeito das cultivares, do espaçamento e da dose de aplicação de fertilizante no azoto total na folha (%) de pepino partenocárpico em condições de estufa durante o inverno

Fator			2017-18	2018-19	Agrupado
Variedade (V)					
V_1	Pepino Pant -2	partenocárpico	3.47	3.49	3.48
V_2	Pepino Pant -3	partenocárpico	3.53	3.56	3.55
V_3	Hilton		3.49	3.52	3.51
	F - teste		S	S	S
	S Ed. (±)		0.008	0.001	0.005
	CD a 5%		0.017	0.002	0.009
NPK (kg/1000m^2) (D)					
D_1	20:10:22 kg		3.32	3.35	3.33
D_2	25:15:27 kg		3.52	3.54	3.53
D_3	30:20:32 kg		3.65	3.68	3.66
	F - teste		S	S	S
	S Ed. (±)		0.008	0.001	0.005
	CD a 5%		0.017	0.002	0.009
Geometria da planta (P)					
P_1	60 x 30		3.40	3.43	3.41
P_2	60 x 40		3.53	3.55	3.54
P_3	60 x 50		3.56	3.59	3.58
	F - teste		S	S	S
	S. Ed. (±)		0.008	0.001	0.005

CD a 5%		0.017	0.002	0.009

Quadro 4.38: Efeito da interação entre cultivares, espaçamento e dose de aplicação de fertilizante no azoto total em folha (%) de pepino partenocárpico em condições de estufa durante o inverno

Combinação de tratamentos		2017-18	2018-19	Agrupado
T_1	$V + D + P_{111}$	3.21	3.23	3.22
T_2	$V + D + P_{112}$	3.32	3.34	3.33
T_3	$V + D + P_{113}$	3.34	3.36	3.35
T_4	$V + D + P_{121}$	3.35	3.37	3.36
T_5	$V + D + P_{122}$	3.58	3.59	3.59
T_6	$V + D + P_{123}$	3.59	3.61	3.60
T_7	$V + D + P_{131}$	3.54	3.55	3.55
T_8	$V + D + P_{132}$	3.61	3.64	3.63
T_9	$V + D + P_{133}$	3.67	3.69	3.68
T_{10}	$V + D + P_{211}$	3.34	3.37	3.36
T_{11}	$V + D + P_{212}$	3.39	3.41	3.40
T_{12}	$V + D + P_{213}$	3.37	3.39	3.38
T_{13}	$V + D + P_{221}$	3.39	3.42	3.41
T_{14}	$V + D + P_{222}$	3.58	3.59	3.59
T_{15}	$V + D + P_{223}$	3.61	3.66	3.64
T_{16}	$V + D + P_{231}$	3.59	3.67	3.63
T_{17}	$V + D + P_{232}$	3.69	3.73	3.71
T_{18}	$V + D + P_{233}$	3.79	3.83	3.81
T_{19}	$V + D + P_{311}$	3.22	3.27	3.25
T_{20}	$V + D + P_{231}$	3.33	3.36	3.35
T_{21}	$V + D + P_{313}$	3.36	3.39	3.38
T_{22}	$V + D + P_{321}$	3.37	3.38	3.38
T_{23}	$V + D + P_{322}$	3.59	3.59	3.59
T_{24}	$V + D + P_{323}$	3.64	3.68	3.66
T_{25}	$V + D + P_{331}$	3.58	3.59	3.59

T_{26}	$V + D + P_{332}$	3.67	3.68	3.68
T_{27}	$V + D + P_{333}$	3.69	3.72	3.71
Interação (Vx D x P)	F - teste	S	S	S
	S. Ed. ($\pm$)	0.025	0.003	0.014
	CD. a 5%	0.051	0.006	0.028

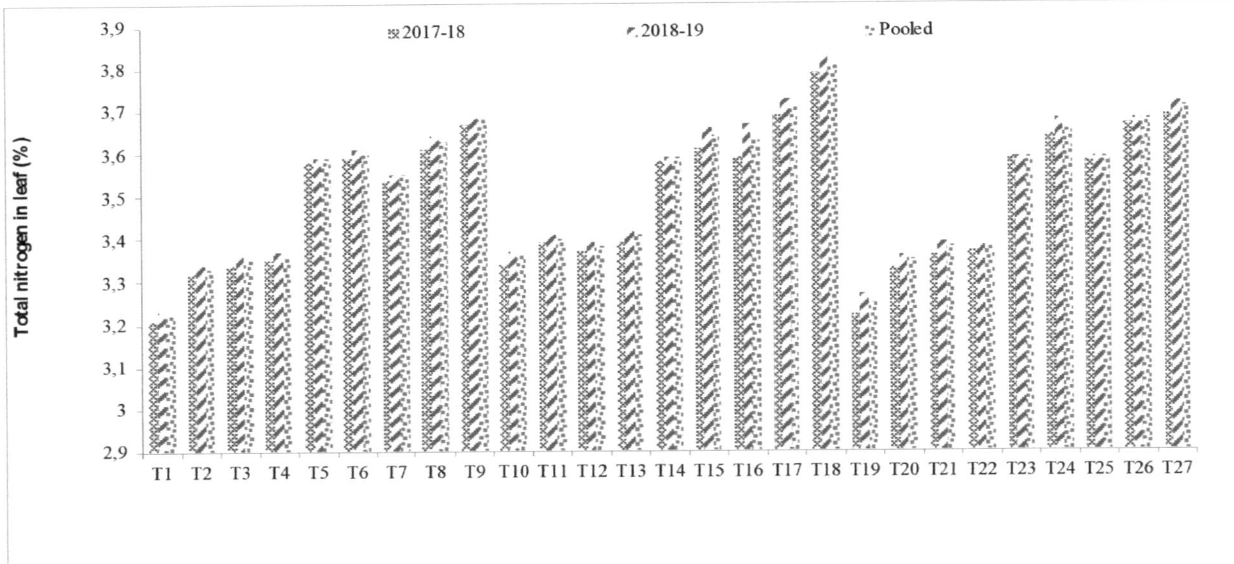

Fig 4.19: Efeito da interação entre cultivares, espaçamento e dose de aplicação de fertilizante no azoto total na folha (%) de pepino partenocárpico em condições de estufa durante o inverno.

4.5.2 Fósforo total na folha (%)

Os dados relativos ao efeito de cultivares, espaçamento e dose de aplicação de fertilizante e os seus efeitos de interação no fósforo total na folha (%) de pepino partenocárpico em condições de estufa durante o inverno são apresentados no Quadro 4.39 e na Fig. 4.20. A análise de variância é apresentada nos Apêndices LVIII, LIX e LX.

(a) Efeito das cultivares:

Os dados apresentados na Tabela 4.39 mostram que o fósforo total na folha (%) do pepino partenocárpico foi significativamente influenciado por vários tratamentos de cultivar durante ambos os anos de experimentação da estação de inverno, no entanto, com base na análise de dados agrupados, o fósforo total máximo na folha (%) (0.81 %) foi registado na cultivar V_2 (Pant Parthenocarpic Cucumber-3) em comparação com o fósforo total mínimo na folha (%) (0,78 %) na cultivar V_1 (Pant Parthenocarpic Cucumber-2)

(b) Efeito do espaçamento:

Os dados apresentados na Tabela 4.39 indicam que o Fósforo total na folha (%) (%) do pepino foi significativamente influenciado por vários tratamentos de espaçamento durante os dois anos de experimentação. Os dados combinados mostraram que o máximo de fósforo total na folha (%) ((0,81 %) foi registado em P_3 (60 x 50 cm) e o mínimo de fósforo total na folha (0,78 %) em P_1 (60 x 30 cm).

(c) Efeito da dose de aplicação de fertilizante:

Os dados apresentados na Tabela 4.39 mostram que a dose de aplicação de fertilizante teve um efeito significativo no fósforo total na folha (%) do pepino partenocárpico durante a investigação de dados agrupados, o fósforo total máximo na folha (0,83 %) foi observado em D_3 (30:20:32 Kg/1000 m^2) em comparação com o fósforo total mínimo na folha (0,77 %) em D_1 (20:10:22 Kg /1000 m^2) com base na análise agrupada.

(d) Efeito de interação entre cultivares, espaçamento e dose de aplicação de fertilizantes:

O efeito de interação de cultivares, espaçamento e dose de aplicação de fertilizante apresentado na Tabela 4.40 mostrou fósforo total não significativo na folha (%) durante ambos os anos de experimentação. Além disso, T_{18}, V D P_{233} (PPC-3 + 30:20:32 kg + 60 x 50 cm) resultou em fósforo total máximo na folha (0,85%). e foi seguido de perto por T V +$D_{27,\,333}$ +Pe T V +$D_{17,\,232}$ +P(0.84 %) o mesmo valor, ambos estaticamente a par com T_{18} No entanto, o mínimo de fósforo total na folha (0,75 %) foi registado em T V $D_{1\ 111}$ P(PPC-2 +20:10:22 kg + 60 x 30 cm) com base em dados agrupados.

Tabela 4.39: Efeito de cultivares, espaçamento e dose de aplicação de fertilizante fósforo total na folha (%) de pepino partenocárpico em condições de estufa durante o inverno

Fator			2017-18	2018-19	Agrupado
Variedade (V)					
V_1	Pepino Pant -2	partenocárpico	0.77	0.79	0.78
V_2	Pepino Pant -3	partenocárpico	0.80	0.82	0.81
V_3	Hilton		0.79	0.81	0.80
	F - teste		S	S	S
	S Ed. (±)		0.001	0.001	0.001
	CD a 5%		0.003	0.002	0.003
NPK (kg/1000m^2) (D)					
D_1	20:10:22 kg		0.76	0.78	0.77
D_2	25:15:27 kg		0.79	0.80	0.79
D_3	30:20:32 kg		0.81	0.84	0.83
	F - teste		S	S	S
	S Ed. (±)		0.001	0.001	0.001
	CD a 5%		0.003	0.002	0.003
Geometria da planta (P)					
P_1	60 x 30		0.77	0.79	0.78
P_2	60 x 40		0.79	0.81	0.80
P_3	60 x 50		0.80	0.82	0.81
	F - teste		S	S	S
	S. Ed. (±)		0.001	0.001	0.001

<table>
<tr><td>CD a 5%</td><td>0.003</td><td>0.002</td><td>0.003</td></tr>
</table>

Quadro 4.40: Efeito da interação entre cultivares, espaçamento e dose de aplicação de fertilizante no fósforo total na folha (%) de pepino partenocárpico em condições de estufa durante o inverno

Combinação de tratamentos		2017-18	2018-19	Agrupado
T_1	$V+D+P_{111}$	0.74	0.75	0.75
T_2	$V+D+P_{112}$	0.75	0.76	0.76
T_3	$V+D+P_{113}$	0.76	0.77	0.77
T_4	$V+D+P_{121}$	0.76	0.77	0.77
T_5	$V+D+P_{122}$	0.78	0.79	0.79
T_6	$V+D+P_{123}$	0.79	0.80	0.80
T_7	$V+D+P_{131}$	0.79	0.81	0.80
T_8	$V+D+P_{132}$	0.79	0.82	0.81
T_9	$V+D+P_{133}$	0.81	0.84	0.83
T_{10}	$V+D+P_{211}$	0.75	0.78	0.77
T_{11}	$V+D+P_{212}$	0.77	0.79	0.78
T_{12}	$V+D+P_{213}$	0.79	0.81	0.80
T_{13}	$V+D+P_{221}$	0.78	0.79	0.79
T_{14}	$V+D+P_{222}$	0.79	0.81	0.80
T_{15}	$V+D+P_{223}$	0.81	0.83	0.82
T_{16}	$V+D+P_{231}$	0.82	0.84	0.83
T_{17}	$V+D+P_{232}$	0.83	0.85	0.84
T_{18}	$V+D+P_{233}$	0.84	0.86	0.85
T_{19}	$V+D+P_{311}$	0.75	0.78	0.77
T_{20}	$V+D+P_{231}$	0.76	0.79	0.78
T_{21}	$V+D+P_{313}$	0.77	0.79	0.78
T_{22}	$V+D+P_{321}$	0.77	0.78	0.78
T_{23}	$V+D+P_{322}$	0.79	0.80	0.80

T_{24}	V +D +P_{323}	0.80	0.81	0.81
T_{25}	V +D +P_{331}	0.81	0.82	0.82
T_{26}	V +D +P_{332}	0.82	0.84	0.83
T_{27}	V +D +P_{333}	0.82	0.85	0.84
Interação (Vx D x P)	F - teste	S	S	NS
	S. Ed. ($\pm$)	0.004	0.004	0.004
	CD. a 5%	0.008	0.007	0.008

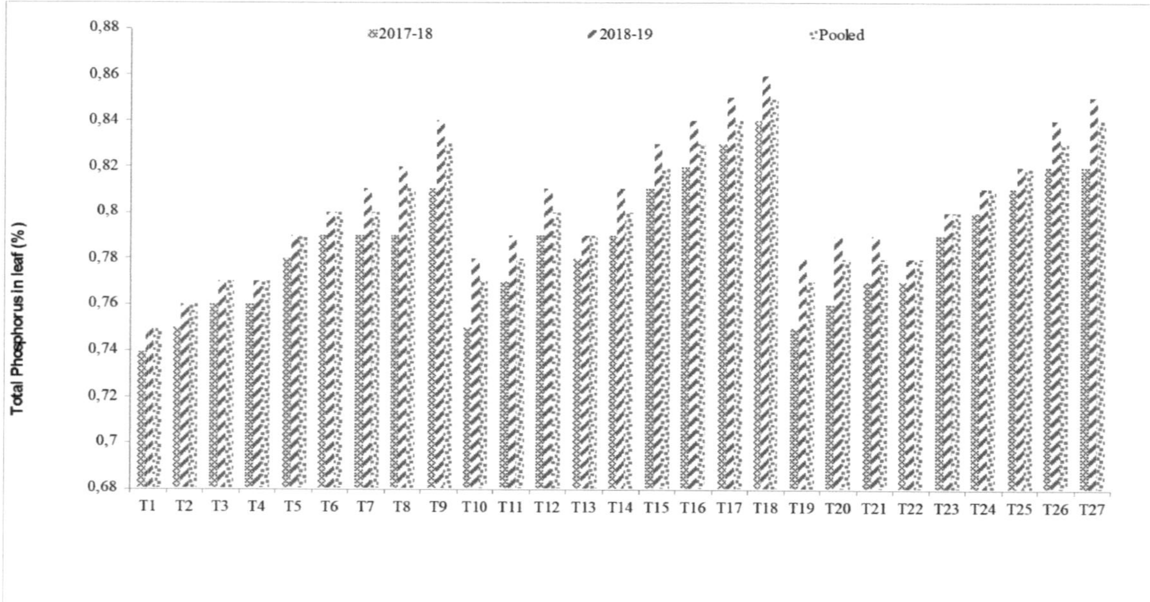

Fig 4.20: Efeito da interação entre cultivares, espaçamento e dose de aplicação de fertilizante no fósforo total na folha (%) de pepino partenocárpico em condições de estufa durante o inverno.

170

4.5.3 Potássio total na folha (%)

Os dados relativos ao efeito de cultivares, espaçamento e dose de aplicação de fertilizante e seus efeitos de interação no potássio total na folha (%) de pepino partenocárpico em condições de estufa durante o inverno são apresentados na Tabela 4.41 e na Fig. 4.21. A análise de variância é apresentada nos Apêndices LXI, LXII e LXIII.

(a) Efeito das cultivares:

Os dados apresentados no Quadro 4.41 indicam que o potássio total na folha (%) do pepino partenocárpico foi significativamente influenciado por vários tratamentos de cultivar durante ambos os anos de experimentação da estação de inverno; no entanto, com base na análise de dados agrupados, o potássio total máximo na folha (2,42 %) foi registado na cultivar V_2 (Pant Parthenocarpic Cucumber-3) em comparação com o potássio total mínimo na folha (2,39 %) na cultivar V_1 (Pant Parthenocarpic Cucumber-2)

(b) Efeito do espaçamento:

Os dados apresentados na Tabela 4.41 indicam que o potássio total na folha (%) (%) do pepino foi significativamente influenciado por vários tratamentos de espaçamento durante os dois anos de experimentação. Os dados combinados mostraram que o máximo de potássio total na folha (2,44 %) foi registado em P_3 (60 x 50 cm) e o mínimo de potássio total na folha (2,39 %) em P_1 (60 x 30 cm).

(c) Efeito da dose de aplicação de fertilizante:

Os dados apresentados na Tabela 4.41 mostram que a dose de aplicação de fertilizante teve um efeito significativo no potássio total na folha (%) do pepino partenocárpico durante a investigação de dados agrupados, o potássio total máximo na folha (2,44 %) foi observado em D_3 (30:20:32 kg/1000 m^2) em comparação com o potássio total mínimo na folha (2,37 %) em D_1 (20:10:22 kg /1000 m^2) com base na análise agrupada.

(d) Efeito de interação entre cultivares, espaçamento e dose de aplicação de fertilizantes:

O efeito de interação de cultivares, espaçamento e dose de aplicação de fertilizante apresentado na Tabela 4.42 mostrou potássio total não significativo na folha (%) durante ambos os anos de experimentação. Além disso, $T_{18,}$ V D P_{233} (PPC-3 + 30:20:32 kg + 60 x 50 cm) resultou em potássio total máximo na folha (0,85%). e foi seguido de perto por T V +$D_{27,333}$ +Pe T V +$D_{17,232}$ +P(2,50 %) e foi seguido de perto por T V +$D_{27,333}$ +P(2.47 %) e isto foi estatisticamente igual a T_{18} No entanto, o potássio total mínimo na folha (2,33 %) foi registado em T V $D_{1\,111}$ P(PPC-2 +20:10:22 kg + 60 x 30 cm) com base em dados agrupados.

Tabela 4.41: Efeito de cultivares, espaçamento e dose de aplicação de fertilizante potássio total na folha (%) de pepino partenocárpico em condições de estufa durante o inverno

Fator			2017-18	2018-19	Agrupado
Variedade (V)					
V_1	Pepino Pant -2	partenocárpico	2.38	2.40	2.39
V_2	Pepino Pant -3	partenocárpico	2.41	2.44	2.42
V_3	Hilton		2.40	2.42	2.41
	F - teste		S	S	S
	S Ed. (±)		0.004	0.003	0.004
	CD a 5%		0.008	0.007	0.007
NPK (kg/1000m^2) (D)					
D_1	20:10:22 kg		2.36	2.38	2.37
D_2	25:15:27 kg		2.40	2.42	2.41
D_3	30:20:32 kg		2.43	2.46	2.44
	F - teste		S	S	S
	S Ed. (±)		0.004	0.003	0.004
	CD a 5%		0.008	0.007	0.007
Geometria da planta (P)					
P_1	60 x 30		2.37	2.40	2.39
P_2	60 x 40		2.39	2.41	2.40
P_3	60 x 50		2.43	2.45	2.44
	F - teste		S	S	S
	S. Ed. (±)		0.004	0.003	0.004

CD a 5%		0.008	0.007	0.007

Tabela 4.42: Efeito da interação entre cultivares, espaçamento e dose de aplicação de fertilizante no potássio total na folha (%) de pepino partenocárpico em condições de estufa durante o inverno

Combinação de tratamentos		2017-18	2018-19	Agrupado
T_1	$V + D + P_{111}$	2.32	2.33	2.33
T_2	$V + D + P_{112}$	2.34	2.35	2.35
T_3	$V + D + P_{113}$	2.39	2.41	2.40
T_4	$V + D + P_{121}$	2.36	2.39	2.38
T_5	$V + D + P_{122}$	2.38	2.39	2.39
T_6	$V + D + P_{123}$	2.41	2.44	2.43
T_7	$V + D + P_{131}$	2.39	2.43	2.41
T_8	$V + D + P_{132}$	2.41	2.44	2.43
T_9	$V + D + P_{133}$	2.44	2.46	2.45
T_{10}	$V + D + P_{211}$	2.34	2.37	2.36
T_{11}	$V + D + P_{212}$	2.36	2.39	2.38
T_{12}	$V + D + P_{213}$	2.41	2.43	2.42
T_{13}	$V + D + P_{221}$	2.39	2.42	2.41
T_{14}	$V + D + P_{222}$	2.42	2.44	2.43
T_{15}	$V + D + P_{223}$	2.43	2.47	2.45
T_{16}	$V + D + P_{231}$	2.41	2.45	2.43
T_{17}	$V + D + P_{232}$	2.43	2.48	2.46
T_{18}	$V + D + P_{233}$	2.48	2.51	2.50
T_{19}	$V + D + P_{311}$	2.33	2.38	2.36
T_{20}	$V + D + P2_{31}$	2.35	2.36	2.36
T_{21}	$V + D + P_{313}$	2.40	2.42	2.41

T_{22}	$V +D +P_{321}$	2.39	2.40	2.40
T_{23}	$V +D +P_{322}$	2.39	2.41	2.40
T_{24}	$V +D +P_{323}$	2.42	2.44	2.43
T_{25}	$V +D +P_{331}$	2.41	2.43	2.42
T_{26}	$V +D +P_{332}$	2.43	2.45	2.44
T_{27}	$V +D +P_{333}$	2.46	2.48	2.47
Interação (V x D x P)	F - teste	NS	NS	NS
	S. Ed. ($\pm$)	0.012	0.010	0.011
	CD. a 5%	0.024	0.020	0.022

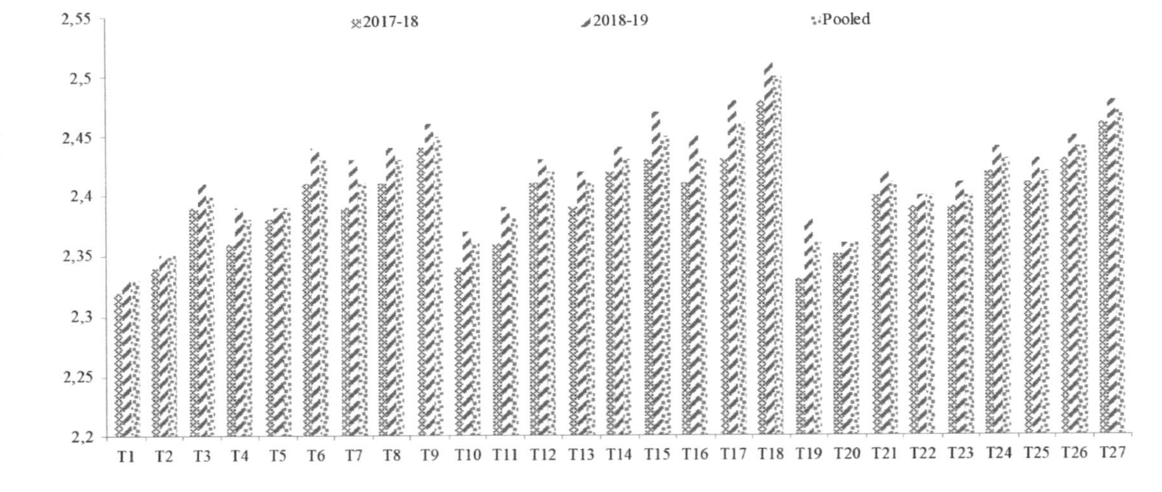

Fig 4.21: Efeito da interação entre cultivares, espaçamento e dose de aplicação de fertilizante no potássio total na folha (%) de pepino partenocárpico em condições de estufa durante o inverno.

175

De acordo com os resultados acima mencionados, o estado nutricional das folhas no que diz respeito ao azoto; o teor de fósforo e potássio foi significativamente influenciado pelas cultivares, geometria da planta e dose de fertilizante durante as duas experiências anuais. Os valores máximos de nitrogénio (3,55 %), fósforo (0,81 %) e potássio (2,42 %) nas folhas foram registados na cultivar V_2 , Pant Parthenocarpic Cucumber -3 durante ambos os anos. Na referência de espaçamento, os valores máximos (3,58 % de nitrogênio, 0,81 % de fósforo e 2,44 % de potássio) do conteúdo de nutrientes na folha foram obtidos na geometria máxima da planta (P_3), ou seja, 60 x 50 cm, em comparação com o espaçamento mínimo, P_1 60 x 30 cm. Da mesma forma, o teor máximo de nitrogênio na folha (3,66 %), fósforo (0,83 %) e potássio (2,44 %) foram obtidos em D_3 , uso máximo de combinação NPK em comparação com o uso mínimo de fertilizantes de combinação NPK durante os dois anos (Tabela 4.37, 4.39 e 4.41). Isso pode ser devido ao fato de que a aplicação máxima de fertilizantes combinados NPK foi efetivamente utilizada pelas plantas, pois esses insumos foram colocados perto da zona da raiz da cultura e também aplicados na quantidade desejada (Singh e hupe *et al., 2005)*. (Shinde *et al.* 2001, Singh e hupe e Brahmanand) 2001 e Singh e hupe *et al.) 2003)*.

Os teores máximos de nutrientes na cultura do pepino, juntamente com os resíduos mínimos de nutrientes no solo após a colheita, foram registados numa experiência de fertirrigação conduzida por Choudhari e More, 2002. Verificou-se que o efeito de interação entre as cultivares, o espaçamento e a dose de aplicação de fertilizantes influenciou significativamente o teor de azoto e fósforo nas folhas. Valor máximo de azoto T_{18} , V +D +P_{233} (3,81 %), seguido do valor mais próximo de T17 e T_{27} , (3,71 %) e percentagem mínima de azoto no tratamento T_1 , V D P_{111}, (3.2 %), o conteúdo máximo de fósforo na folha (0,85 %) foi registado no tratamento T_{18} , V +D +P_{233} (pepino partenocárpico Pant -3 + 60 x 50 cm +30:20:32 kg) durante ambos os anos (Tabela 4.38, 4.40 e 4.42). No entanto, o teor de potássio nas folhas não foi influenciado de forma significativa durante (Apêndice LXI, LXII e LXIII) em ambos os anos.

4.6 ECONOMIA DOS TRATAMENTOS

4.8.1 Economia do pepino partenocárpico em estufa por (1000 m)^2

Todos os tratamentos foram avaliados para análise das variáveis de custo e retorno, os dados são calculados por 10000 m^2 área de polyhouse e apresentados por ano na Tabela 4.43, 4.44, 4.45, 4.46, 4.47 e 4.48. Os conceitos comuns de custos da economia agrícola são utilizados para interpretar os resultados. Os vários factores de produção utilizados na cultura do pepino foram divididos em duas componentes, ou seja, custos variáveis e custos fixos. Estes custos foram calculados separadamente para os diferentes tratamentos. Os custos variáveis incluem o custo dos fertilizantes químicos que foram utilizados como doses de tratamento. Os custos fixos incluem a renda paga pela terra arrendada e os juros pagos sobre o capital de giro, a limpeza da estufa, os encargos com poços tubulares, os encargos com mão de obra e os encargos com fertilizantes como dose basal. Os rendimentos brutos foram obtidos multiplicando a produção total por 1000 m^2 polyhouse por tratamento multiplicado pelo preço de mercado prevalecente. Os rendimentos líquidos foram obtidos subtraindo o custo total do cultivo dos rendimentos brutos. Da mesma forma, o rácio benefício: custo foi calculado dividindo os retornos líquidos pelo custo total do cultivo.

O efeito de vários tratamentos na relação custo-benefício do cultivo de pepino em condições protegidas foi registrado durante dois anos de estudo (2017-18 e 2018-19) e apresentado na tabela 4.49, 4.50 e 451. Uma inquisição dos dados do primeiro ano revelou que a relação custo-benefício máxima de (1: 3,50) foi obtida sob T_{10} (V2 + D1 + P3) cultivar Pant Parthenocarpic Cucumber -3 com fertilizantes dose 20: 10: 22 kg por 1000 m^2 de polyhouse, juntamente com a combinação de tratamento de geometria da planta 60 x 50 cm. O tratamento composto seguido pela relação custo-benefício de (1:3,43) foi obtido no tratamento T_{19} (V +D +P_{311}) cultivar Hilton com 20:10:22 kg de fertilizantes aplicados em 1000 m^2 de área de estufa e geometria de planta 60 x 30 cm. A relação custo-benefício mínima de (1:2.10) foi obtida com a cultivar T_{27} (V3+D3+P3) Pant Parthenocarpic Cucumber -3 com fertilizantes na dose de 30:20:32 kg por 1000 m² de estufa e geometria de planta 60 x 50 cm e resultado similar no segundo ano e dados agrupados. O custo de cultivo mais baixo foi registado sob controlo (T_{27}) durante ambos os anos da experiência, enquanto os retornos líquidos foram mais elevados com a combinação de tratamentos T_{10} durante ambos os anos da experiência, (T_{10}), A relação benefício: custo máxima foi obtida com a aplicação do tratamento (T_{10}) e foi seguida de perto por T_{19} , durante ambos os anos Resultados semelhantes foram relatados por **Singh *et al.* (2011),** em pepino partenocárpico em condições protegidas.

Tabela 4.43: Custo de cultivo de pepino partenocárpico (*cucumis sativus* L.) por 1000 m² (custo fixo para todos os tratamentos em condições de estufa) primeiro ano 2017-18

Sl. Não.	Particularidades	Unidade	Qtd.	Taxa /unidade (Rs.)	Custo (Rs/ha)
A	**Preparação do terreno**				
1	Lavoura com placa de molde	Horas	4	500	2,000
2	Etiquetagem e preparação da cama	Horas	2	500	1,000
3	Mão de obra para a implantação do campo	Trabalho	4	350	1,400
4	Cablagem de polyhouse	Trabalho	4	350	1,400
B.	**Semeadura de sementes e aplicação de fertilizantes**				
1	Semeadura de sementes	Trabalho	2	350	700
2	Aplicação de fertilizantes	Trabalho	2	350	700
C.	**Outros materiais**				
1	Fio	kg	05	150	750
2	Corda de juta (sutali)	kg	10	150	1,500
D.	**Cuidados posteriores**				
1	Monda e sachadura (4 n.°s)	Trabalho	10	350	3,500

E.	Medidas fitossanitárias				
1	Custo do inseticida/fungicida	ml	200	200	400
2	Trabalho de um jovem	Trabalho	4	350	1,400
F.	**Irrigação**				
1	Taxa Tubell -5 rega (1/2 hora por rega)	Horas	2.5	400	1,000
2	Mão de obra para a irrigação	Trabalho	5	350	1,750
G.	**Seleção - 5**	Trabalho	10	350	3,500
H	**Outros encargos**				
1	Materiais de embalagem	-	-	-	2,500
2	Carga e descarga	Trabalho	2	350	700
3	Transporte	Mini camião	3 vezes	500	1500
I	**Taxas de supervisão**	Mês	3	2000	6,000
J	**Aluguer de estufas**	Mês	3	5000	15,000
	Custo fixo total (Rs./ 1000 M^2 polyhouse)				**39200**

Tabela 4.44: Custo de cultivo de pepino partenocárpico (*cucumis sativus* L.) por 1000 m^2 (custo fixo para todos os tratamentos em condições de estufa) - segundo ano de 2018-19

Sl.No.	Particularidades	Unidade	Qtd.	Taxa //unidade (Rs.)	Custo (Rs/ha)
A	**Preparação do terreno**				
1	Lavoura com placa de molde	Horas	4	500	2,000
2	Etiquetagem e preparação da cama	Horas	2	500	1,000
3	Mão de obra para a implantação do campo	Trabalho	4	350	1,400
4	Cablagem de polyhouse	Trabalho	4	350	1,400
B.	**Semeadura de sementes e aplicação de fertilizantes**				

1	Semeadura de sementes	Trabalho	2	350	700
2	Aplicação de fertilizantes	Trabalho	2	350	700
C.	**Outros materiais**				
1	Fio	kg	05	150	750
2	Corda de juta (sutali)	kg	10	150	1,500
D.	**Cuidados posteriores**				
1	Monda e sachadura (4 n.ºs)	Trabalho	10	350	3,500
E.	Medidas fitossanitárias				
1	Custo do inseticida/fungicida	100 ml	200	250/100 ml	500
2	Trabalho de um jovem	Trabalho	4	350	1,400
F.	**Irrigação**				
1	Carga Tubell -5 rega (1/2 hora por rega)	Horas	2.5	400	1,000
2	Mão de obra para a irrigação	Trabalho	5	350	1,750
G.	**Seleção - 5**	Trabalho	10	350	3,500
H	**Outros encargos**				
1	Materiais de embalagem	-	-	-	2,500
2	Carga e descarga	Trabalho	2	350	700
3	Transporte	Mini camião	3 vezes	800	2400
I	**Taxas de supervisão**	Mês	3	2000	6,000
J	**Aluguer de estufas**	Mês	3	6000	18,000
	Custo fixo total (Rs./ 1000 M^2 polyhouse)				**43200**

Quadro 4.45: Custo de cultivo do pepino partenocárpico (*cucumis sativus* L.) por 1000 m^2 (custo fixo para todos os tratamentos em condições de estufa) - **agrupado**

Sl.No.	Particularidades	Unidade	Qtd.	Taxa //unidade (Rs.)	Custo (Rs/ha)
A	**Preparação do terreno**				

1	Lavoura com placa de molde	Horas	4	500	2,000
2	Etiquetagem e preparação da cama	Horas	2	500	1,000
3	Mão de obra para a implantação do campo	Trabalho	4	350	1,400
4	Cablagem de polyhouse	Trabalho	4	350	1,400
B.	**Semeadura de sementes e aplicação de fertilizantes**				
1	Semeadura de sementes	Trabalho	2	350	700
2	Aplicação de fertilizantes	Trabalho	2	350	700
C.	**Outros materiais**				
1	Fio	kg	05	150	750
2	Corda de juta (sutali)	kg	10	150	1,500
D.	**Cuidados posteriores**				
1	Monda e sachadura (4 n.ºs)	Trabalho	10	350	3,500
E.	Medidas fitossanitárias				
1	Custo do inseticida/fungicida	ml	200	200	450
2	Trabalho de um jovem	Trabalho	4	350	1,400
F.	**Irrigação**				
1	Carga Tubell -5 rega (1/2 hora por rega)	Horas	2.5	400	1,000
2	Mão de obra para a irrigação	Trabalho	5	350	1,750
G.	**Seleção - 5**	Trabalho	10	350	3,500
H	**Outros encargos**				
1	Materiais de embalagem	-	-	-	2,500
2	Carga e descarga	Trabalho	2	350	700
3	Transporte	Mini camião	3 vezes	500	1,950
I	**Taxas de supervisão**	Mês	3	2000	6,000
J	**Aluguer de estufas**	Mês	3	5000	16,500
Custo fixo total (Rs./ 1000 M² polyhouse)					**41200**

Tabela 4.46: Custo total do cultivo de pepino partenocárpico (*cucumis sativus* L.) por 1000 m² (Combinação de tratamentos em condições de estufa) - Ano I 2017-18

Tratamento	Combinação de tratamentos	Ureia	Fosfato de ureia	Sulfato de potássio	Custo variável total	Custo fixo	Interesse	Custo total
T₁	V1+D1+P1	35.072	22.72	44	7260.096	392.00	1858.404	48318.5
T₂	V1+D1+P2	35.072	22.72	44	7260.096	392.00	1858.404	48318.5
T₃	V1+D1+P3	35.072	22.72	44	7260.096	392.00	1858.404	48318.5
T₄	V1+D2+P1	41.736	34.08	54	9134.448	392.00	1933.378	50267.83
T₅	V1+D2+P2	41.736	34.08	54	9134.448	392.00	1933.378	50267.83
T₆	V1+D2+P3	41.736	34.08	54	9134.448	392.00	1933.378	50267.83
T₇	V1+D3+P1	48.405	45.44	64	11008.89	392.00	2008.356	52217.25
T₈	V1+D3+P2	48.405	45.44	64	11008.89	392.00	2008.356	52217.25
T₉	V1+D3+P3	48.405	45.44	64	11008.89	392.00	2008.356	52217.25
T₁₀	V2+D1+P1	35.072	22.72	44	7260.096	392.00	1858.404	48318.5
T₁₁	V2+D1+P2	35.072	22.72	44	7260.096	392.00	1858.404	48318.5

T_{12}	V2+D1+P3	35.072	22.72	44	7260.096	39200	1858.404	48318.5
T_{13}	V2+D2+P1	41.736	34.08	54	9134.448	39200	1933.378	50267.83
T_{14}	V2+D2+P2	41.736	34.08	54	9134.448	39200	1933.378	50267.83
T_{15}	V2+D2+P3	41.736	34.08	54	9134.448	39200	1933.378	50267.83
T_{16}	V2+D3+P1	48.405	45.44	64	11008.89	39200	2008.356	52217.25
T_{17}	V2+D3+P2	48.405	45.44	64	11008.89	39200	2008.356	52217.25
T_{18}	V2+D3+P3	48.405	45.44	64	11008.89	39200	2008.356	52217.25
T_{19}	V3+D1+P1	35.072	22.72	44	7260.096	39200	1858.404	48318.5
T_{20}	V3+D1+P2	35.072	22.72	44	7260.096	39200	1858.404	48318.5
T_{21}	V3+D1+P3	35.072	22.72	44	7260.096	39200	1858.404	48318.5
T_{22}	V3+D2+P1	41.736	34.08	54	9134.448	39200	1933.378	50267.83
T_{23}	V3+D2+P2	41.736	34.08	54	9134.448	39200	1933.378	50267.83
T_{24}	V3+D2+P3	41.736	34.08	54	9134.448	39200	1933.378	50267.83
T_{25}	V3+D3+P1	48.405	45.44	64	11008.89	39200	2008.356	52217.25

| T$_{26}$ | V3+D3+P2 | 48.40 5 | 45.44 | 64 | 11008. 89 | 392 00 | 2008.3 56 | 52217. 25 |
| T$_{27}$ | V3+D3+P3 | 48.40 5 | 45.44 | 64 | 11008. 89 | 392 00 | 2008.3 56 | 52217. 25 |

Tabela 4.47: Custo total do cultivo de pepino partenocárpico (*cucumis sativus* L.) por 1000 m^2 (Combinação de tratamentos em condições de estufa) - II Ano 2018-19

Tratamento	Combinação de tratamentos	Ureia	Fosfato de ureia	Sulfato de potássio	Custo variável total	Custo fixo	Interesse	Custo total
T$_1$	V1+D1+P1	35.07 2	22.72	44	7260.09 6	432 00	1858.4 04	52318. 5
T$_2$	V1+D1+P2	35.07 2	22.72	44	7260.09 6	432 00	1858.4 04	52318. 5
T$_3$	V1+D1+P3	35.07 2	22.72	44	7260.09 6	432 00	1858.4 04	52318. 5
T$_4$	V1+D2+P1	41.73 6	34.08	54	9134.44 8	432 00	1933.3 78	54267. 8
T$_5$	V1+D2+P2	41.73 6	34.08	54	9134.44 8	432 00	1933.3 78	54267. 8
T$_6$	V1+D2+P3	41.73 6	34.08	54	9134.44 8	432 00	1933.3 78	54267. 8
T$_7$	V1+D3+P1	48.40 5	45.44	64	11008.8 9	432 00	2008.3 56	56217. 2
T$_8$	V1+D3+P2	48.40 5	45.44	64	11008.8 9	432 00	2008.3 56	56217. 2
T$_9$	V1+D3+P3	48.40 5	45.44	64	11008.8 9	432 00	2008.3 56	56217. 2

T_{10}	V2+D1+P1	35.072	22.72	44	7260.096	43200	1858.404	52318.5
T_{11}	V2+D1+P2	35.072	22.72	44	7260.096	43200	1858.404	52318.5
T_{12}	V2+D1+P3	35.072	22.72	44	7260.096	43200	1858.404	52318.5
T_{13}	V2+D2+P1	41.736	34.08	54	9134.448	43200	1933.378	54267.8
T_{14}	V2+D2+P2	41.736	34.08	54	9134.448	43200	1933.378	54267.8
T_{15}	V2+D2+P3	41.736	34.08	54	9134.448	43200	1933.378	54267.8
T_{16}	V2+D3+P1	48.405	45.44	64	11008.89	43200	2008.356	56217.2
T_{17}	V2+D3+P2	48.405	45.44	64	11008.89	43200	2008.356	56217.2
T_{18}	V2+D3+P3	48.405	45.44	64	11008.89	43200	2008.356	56217.2
T_{19}	V3+D1+P1	35.072	22.72	44	7260.096	43200	1858.404	52318.5
T_{20}	V3+D1+P2	35.072	22.72	44	7260.096	43200	1858.404	52318.5
T_{21}	V3+D1+P3	35.072	22.72	44	7260.096	43200	1858.404	52318.5
T_{22}	V3+D2+P1	41.736	34.08	54	9134.448	43200	1933.378	54267.8
T_{23}	V3+D2+P2	41.736	34.08	54	9134.448	43200	1933.378	54267.8

T$_{24}$	V3+D2+ P3	41.73 6	34.08	54	9134.44 8	432 00	1933.3 78	54267. 8
T$_{25}$	V3+D3+ P1	48.40 5	45.44	64	11008.8 9	432 00	2008.3 56	56217. 2
T$_{26}$	V3+D3+ P2	48.40 5	45.44	64	11008.8 9	432 00	2008.3 56	56217. 2
T$_{27}$	V3+D3+ P3	48.40 5	45.44	64	11008.8 9	432 00	2008.3 56	56217. 2

Tabela 4.48: Custo total do cultivo de pepino partenocárpico (*cucumis sativus* L.) por 1000 m^2 (combinação de tratamentos em condições de estufa) - agrupado

Tratamento	Combinação de tratamentos	Ureia	Fosfato de ureia	Sulfato de potássio	Custo variável total	Custo fixo	Interesse	Custo total
T$_1$	V1+D1+ P1	35.07 2	22.72	44	7260.0 96	4120 0	1858.4 04	50318. 5
T$_2$	V1+D1+ P2	35.07 2	22.72	44	7260.0 96	4120 0	1858.4 04	50318. 5
T$_3$	V1+D1+ P3	35.07 2	22.72	44	7260.0 96	4120 0	1858.4 04	50318. 5
T$_4$	V1+D2+ P1	41.73 6	34.08	54	9134.4 48	4120 0	1933.3 78	52267. 8
T$_5$	V1+D2+ P2	41.73 6	34.08	54	9134.4 48	4120 0	1933.3 78	52267. 8
T$_6$	V1+D2+ P3	41.73 6	34.08	54	9134.4 48	4120 0	1933.3 78	52267. 8
T$_7$	V1+D3+ P1	48.40 5	45.44	64	11008. 89	4120 0	2008.3 56	54217. 2
T$_8$	V1+D3+ P2	48.40 5	45.44	64	11008. 89	4120 0	2008.3 56	54217. 2
T$_9$	V1+D3+ P3	48.40 5	45.44	64	11008. 89	4120 0	2008.3 56	54217. 2

T_{10}	V2+D1+P1	35.072	22.72	44	7260.096	41200	1858.404	50318.5
T_{11}	V2+D1+P2	35.072	22.72	44	7260.096	41200	1858.404	50318.5
T_{12}	V2+D1+P3	35.072	22.72	44	7260.096	41200	1858.404	50318.5
T_{13}	V2+D2+P1	41.736	34.08	54	9134.448	41200	1933.378	52267.8
T_{14}	V2+D2+P2	41.736	34.08	54	9134.448	41200	1933.378	52267.8
T_{15}	V2+D2+P3	41.736	34.08	54	9134.448	41200	1933.378	52267.8
T_{16}	V2+D3+P1	48.405	45.44	64	11008.89	41200	2008.356	54217.2
T_{17}	V2+D3+P2	48.405	45.44	64	11008.89	41200	2008.356	54217.2
T_{18}	V2+D3+P3	48.405	45.44	64	11008.89	41200	2008.356	54217.2
T_{19}	V3+D1+P1	35.072	22.72	44	7260.096	41200	1858.404	50318.5
T_{20}	V3+D1+P2	35.072	22.72	44	7260.096	41200	1858.404	50318.5
T_{21}	V3+D1+P3	35.072	22.72	44	7260.096	41200	1858.404	50318.5
T_{22}	V3+D2+P1	41.736	34.08	54	9134.448	41200	1933.378	52267.8
T_{23}	V3+D2+P2	41.736	34.08	54	9134.448	41200	1933.378	52267.8
T_{24}	V3+D2+P3	41.736	34.08	54	9134.448	41200	1933.378	52267.8
T_{25}	V3+D3+P1	48.405	45.44	64	11008.89	41200	2008.356	54217.2

| T_{26} | V3+D3+P2 | 48.40 5 | 45.44 | 64 | 11008. 89 | 4120 0 | 2008.3 56 | 54217. 2 |
| T_{27} | V3+D3+P3 | 48.40 5 | 45.44 | 64 | 11008. 89 | 4120 0 | 2008.3 56 | 54217. 2 |

Tabela 4.49: Efeito de cultivares, espaçamento e dose de aplicação de fertilizante na economia e relação benefício: custo para pepino partenocárpico em condições de estufa - I Ano, 2017-2018

Tratamentos	Custo de cultivo (Rs/1000 m$)^2$	Rendimento total (kg/m$)^2$	Rendimento total (q/1000m$)^2$	Taxa de venda (Rs/q)	Rendimento bruto (Rs/1000 m$)^2$	Rendimento líquido Rs./1000 m$)^2$	Rácio benefício-custo
T1	48318	14.20	142	1500	213000	164682	3.40
T2	48318	13.40	134	1500	201000	152682	3.15
T3	48318	10.30	103	1500	154500	106182	2.19
T4	50268	14.30	143	1500	214500	164232	3.26
T5	50268	13.50	135	1500	202500	152232	3.02
T6	50268	10.60	106	1500	159000	108732	2.16
T7	52217	14.40	144	1500	216000	163783	3.13
T8	52217	13.60	136	1500	204000	151783	2.90
T9	52,217	10.70	107	1500	160500	108283	2.07
T10	48318	14.50	145	1500	217500	168182	3.50
T11	48318	13.60	136	1500	204000	155682	3.22

Tratamentos	Custo de cultivo (Rs/1000 m)^2	Rendimento total (kg/m)^2	Rendimento total (q/1000 m)^2	Taxa de venda (Rs/q)	Rendimento bruto (Rs/1000 m)^2	Rendimento líquido Rs./1000 m)^2	Rácio benefício-custo
T12	48318	10.50	105	1500	157500	109182	2.25
T13	50,268	14.60	146	1500	219000	168732	3.35
T14	50268	13.60	136	1500	204000	153732	3.05
T15	50268	10.90	109	1500	163500	113232	2.25
T16	52217	14.90	149	1500	223500	171283	3.28
T17	52217	14.70	147	1500	220500	168283	3.22
T18	52217	11.90	119	1500	178500	126283	2.41
T19	48318	14.30	143	1500	214500	166182	3.43
T20	48318	13.50	135	1500	202500	154182	3.19
T21	48318	10.40	104	1500	156000	107682	2.22
T22	50268	14.40	144	1500	216000	165732	3.29
T23	50268	13.60	136	1500	204000	153732	3.05
T24	50268	10.70	107	1500	160500	110232	2.19
T25	52217	14.50	145	1500	217500	165283	3.16
T26	52217	13.70	137	1500	205500	153283	2.93
T27	52217	10.80	108	1500	162000	109783	2.10

Tabela 4.50: Efeito de cultivares, espaçamento e dose de aplicação de fertilizante na economia e relação benefício: custo para pepino partenocárpico em condições de estufa - II Ano, 2018-2019

Tratamentos	Custo de cultivo (Rs/1000 m)^2	Rendimento total (kg/m)^2	Rendimento total (q/1000 m)^2	Taxa de venda (Rs/q)	Rendimento bruto (Rs/1000 m)^2	Rendimento líquido Rs./1000 m)^2	Rácio benefício-custo

T1	52318.5	14.40	144	1500	216000	163681.5	3.12
T2	52318.5	13.60	136	1500	204000	151681.5	2.89
T3	52318.5	10.50	105	1500	157500	105181.5	2.01
T4	54267.8	14.40	144	1500	216000	161732.2	2.98
T5	54267.8	13.60	136	1500	204000	149732.2	2.75
T6	54267.8	10.80	108	1500	162000	107732.2	1.98
T7	56217.2	14.50	145	1500	217500	161282.8	2.86
T8	56217.2	13.70	137	1500	205500	149282.8	2.65
T9	56217.2	10.90	109	1500	163500	107282.8	1.90
T10	52318.5	14.80	148	1500	222000	169681.5	3.24
T11	52318.5	13.80	138	1500	207000	154681.5	2.95
T12	52318.5	11.50	115	1500	172500	120181.5	2.29
T13	54267.8	14.90	149	1500	223500	169232.5	3.11
T14	54267.8	13.80	138	1500	207000	152732.5	2.81
T15	54267.8	11.80	118	1500	177000	122732.8	2.26
T16	56217.2	15.40	154	1500	231000	174782.8	3.10
T17	56217.2	14.90	149	1500	223500	167282.8	2.97
T18	56217.2	12.20	122	1500	183000	126782.8	2.25
T19	52318.5	14.50	145	1500	217500	165181.5	3.15
T20	52318.5	13.70	137	1500	205500	153181.5	2.92
T21	52318.5	10.60	106	1500	159000	106681.5	2.03

T22	54267.8	14.50	145	1500	217500	163232.2	3.00
T23	54267.8	13.70	137	1500	205500	151232.2	2.78
T24	54267.8	10.80	108	1500	162000	107732.2	1.98
T25	56217.2	14.70	147	1500	220500	164282.8	2.92
T26	56217.2	13.90	139	1500	208500	152282.8	2.70
T27	56217.2	10.50	105	1500	157500	101282.8	1.80

Quadro 4.51: Efeito das cultivares, do espaçamento e da dose de aplicação de fertilizante na economia e na relação benefício/custo do pepino partenocárpico em condições de estufa - **agrupado**

Tratamentos	Custo de cultivo (Rs/1000 m)^2	Rendimento total (kg/m)^2	Rendimento total (q/1000 m)^2	Taxa de venda (Rs/q)	Rendimento bruto (Rs/1000 m)^2	Rendimento líquido Rs./ 1000 m)^2	Rácio benefício-custo
T1	50318.5	14.30	143	1500	214500	164181.5	3.26
T2	50318.5	13.50	135	1500	202500	152181.5	3.02
T3	50318.5	10.40	104	1500	156000	105681.5	2.10
T4	52267.2	14.35	143.5	1500	215250	162982.8	3.11
T5	52267.2	13.55	135.5	1500	203250	150982.8	2.88
T6	52267.2	10.70	107	1500	160500	108232.8	2.07
T7	54217.2	14.45	144.5	1500	216750	162532.8	2.99
T8	54217.2	13.65	136.5	1500	204750	150532.8	2.77
T9	54217.2	10.80	108	1500	162000	107782.8	1.98

T10	50318.5	14.65	146.5	1500	219750	169431.5	3.36
T11	50318.5	13.70	137	1500	205500	155181.5	3.08
T12	50318.5	11.00	110	1500	165000	114681.5	2.27
T13	52267.2	14.75	147.5	1500	221250	168982.5	3.23
T14	52267.2	13.70	137	1500	205500	153232.8	2.93
T15	52267.2	11.35	113.5	1500	170250	117982.8	2.25
T16	54217.2	15.15	151.5	1500	227250	173032.8	3.19
T17	54217.2	14.80	148	1500	222000	167782.8	3.09
T18	54217.2	12.05	120.5	1500	180750	126532.8	2.33
T19	50318.5	14.40	144	1500	216000	165681.5	3.29
T20	50318.5	13.60	136	1500	204000	153681.5	3.05
T21	50318.5	10.50	105	1500	157500	107181.5	2.13
T22	52267.2	14.45	144	1500	216000	163732.8	3.13
T23	52267.2	13.65	136.5	1500	204750	152482.8	2.91
T24	52267.2	10.75	107.5	1500	161250	108982.8	2.08
T25	54217.2	14.60	146	1500	219000	164782.8	3.03
T26	54217.2	13.80	138	1500	207000	152782.8	2.81
T27	54217.2	10.65	106.5	1500	159750	105532.8	1.94

CAPÍTULO -5
RESUMO E CONCLUSÃO

1. Os resultados da presente investigação intitulada "**Efeito do estudo sobre a geometria da planta, a cultivar e as doses de fertilizante no crescimento, rendimento e qualidade do pepino em condições protegidas**" foram realizados na quinta de investigação vegetal do Departamento de Horticultura da Universidade Sam Higginbottom de Agricultura, Tecnologia e Ciência, Prayagraj, Allahabad (U.P.) durante o ano de 2017-18 e 2018-2019 na sessão de inverno. Mostrou uma variação significativa no crescimento vegetativo, características de floração, qualidade dos frutos, rendimento e outros parâmetros relacionados com a experiência. Neste capítulo, foram feitos esforços para discutir as conclusões significativas dos resultados experimentais numa base conjunta.

➢ Os parâmetros de crescimento vegetativo como o comprimento da videira, a circunferência do caule, a área foliar e a distância internodal foram significativamente influenciados pelo efeito da interação entre as cultivares, o espaçamento e a dose de aplicação de fertilizante durante os dois anos de experimentação. O comprimento máximo da videira (3,04 m), a circunferência do caule (0,85 cm), a área foliar (422,60 cm^2) e a distância internodal mínima (8,11 cm) foram registados no tratamento T_{18} ,V D P_{233} (PPC -3 + 30:20:32 kg + 60 x 50 cm) no inverno.

➢ As características de floração, como dias para a iniciação do botão floral, foram significativamente afectadas pelas cultivares, espaçamento e dose de aplicação de fertilizante em ambos os anos de experimentação. O número mínimo de dias necessários para a iniciação do botão floral (39,35 DAS) foi observado em T_{18} , V D P_{233} (PPC -3 + 30:20:32 kg + 60 X 50 cm). na estação de inverno.

➢ Os dias para a primeira colheita foram significativamente afectados pelas cultivares, espaçamento e dose de aplicação de fertilizante em ambos os anos de experimentação. O número mínimo de dias necessários para a primeira colheita de frutos (52,40 DAS) foi observado em T_{18} ,V D P_{233} (PPC -3 + 30:20:32 kg + 60 X 50 cm) no inverno.

➢ O efeito de interação entre as cultivares, o espaçamento e a dose de aplicação de fertilizante teve uma influência significativa no comprimento do fruto e na largura do fruto do pepino durante ambos os anos. O comprimento máximo do fruto (19,50 cm) e a largura máxima do fruto (3,55 cm) foram registados no tratamento T_{18} , V D P_{233} (PPC -3 + 30:20:32 kg + 60 Xx 50 cm) durante o inverno.

➢ O efeito da interação entre as cultivares, o espaçamento e a dose de aplicação de fertilizante teve uma influência significativa no número de frutos por videira, no peso médio dos frutos e no número de frutos não comercializáveis por planta de pepino durante ambos os anos. O número máximo de frutos por videira (24,80) e o maior peso médio de frutos (120,50 g) e o mínimo de frutos não comercializáveis por planta (1,10) foram registados no tratamento T_{18} V D P_{233} (PPC -3 + 30:20:32 kg + 60 x 50 cm) durante o inverno.

➢ O SST, o volume do fruto e a gravidade específica do fruto do pepino não foram significativamente influenciados pela interação combinada de cultivares, espaçamento e dose de aplicação de fertilizante durante ambos os anos de investigação.

➢ O efeito da interação entre as cultivares, o espaçamento e a dose de aplicação de fertilizante teve uma influência significativa no teor de humidade do pepino durante ambos os anos. O teor máximo de humidade (95,65 %) foi registado no tratamento T_{12} , V D P_{213} (PPC -3 + 20:10:22 kg + 60 x 50 cm) durante o inverno.

➤ O efeito da interação entre as cultivares, o espaçamento e a dose de aplicação de fertilizante teve uma influência significativa na aceitação organoléptica do pepino durante ambos os anos. A classificação máxima combinada de aceitação organoléptica (8,75) foi registada no tratamento T_{18} , V D P_{233} (PPC -3 + 30:20:32 kg + 60 x 50 cm) durante o inverno.

➤ O maior rendimento combinado por videira (3,20 kg) foi registado no tratamento T_{18} V D P_{233} (PPC -3 + 30:20:32 kg + 60 x 50 cm) durante o inverno e o maior rendimento combinado /m^2 (14,80 kg) foi registado no tratamento T_{17} , V D P_{232} (PPC -3 + 30:20:32 kg + 60 X 40 cm) durante o inverno.

➤ A interação combinada de cultivares, espaçamento e dose de aplicação de fertilizante teve uma influência significativa no azoto disponível, fósforo disponível e teor de potássio disponível na folha em percentagem durante ambos os anos. O máximo de azoto disponível na folha (3,81 %), o máximo de fósforo disponível na folha (0,85 %) foram registados no tratamento T_{18} V D P_{233} (PPC -3 + 30:20:32 kg + 60 x 50 cm) e o máximo de potássio disponível na folha (2,47 %) T_{27} , V D P_{333} (Hilton + 30:20:32 kg + 60 x 50 cm) durante o inverno.

CONCLUSÃO

Assim, com base nos resultados, resumidos acima, pode-se concluir que o T_{18} (PPC-3 + 30:20:32 kg + 60 x 50 cm) foi considerado significativamente superior em relação aos parâmetros de crescimento, floração, rendimento e qualidade. A maioria dos parâmetros e atributos de rendimento também alcançaram valores significativamente maiores sob uma população de plantas mais elevada com espaçamento de 60cm x 50cm foram considerados espaçamento adequado e dose de fertilizante 30:20:32, respetivamente. A variedade de pepino Pant Parthenocarpic-3 foi altamente produtiva em comparação com a Hilton e a Pant Parthenocarpic-2 de pepino (*Cucumis sativus*) em condições de estufa protegida. Verificou-se que o tratamento (V +D +P$_{233}$) era o ideal para obter um rendimento mais elevado e registou-se a relação custo-benefício mais elevada, em comparação com os restantes tratamentos.

BIBLIOGRAFIA

A.O.A.C. 1990. *Official Methods of Analysis,* Association of Official Agricultural Chemists. Estação Benjamin Franklin, Washington, DC

Abraham, M., Padmakumari, Nagalakshmi, S., Falanisemy, D. e Sreenarayanan 2002. Energy balance for tomato *(Lycopersicon esculentum Mill)* Resumo publicado na "International Conference on Vegetables" realizada em Bangalore (11th -14th November, 2002) Abstr. No. IV - 83-P, pp 190.

Ahmed Gulamuddin, N., Narayan, R., Nazir, G. e Hussain, K. 2006. Estudos de variabilidade em pepino. *Haryana* J. of *Horti. Sci.* 35 (3 & 4): 297-298.

AI-Harbi, A.R., Alsadon, A.A. e Khalil, S.O. 1996. Influência do sistema de formação e dos meios de cultura no crescimento e rendimento de cultivares de pepino. *Alex. J. Agric. Res.* 41 (3) : 355-365.

AI-Jaloud, A.A., Baig, M.S., Errebhi, M.A., Abdel Gadir, A.H. e Sarhan, H.B. 2006. O efeito da fertirrigação de diferentes níveis de azoto, fósforo e potássio no rendimento do pepino em estufa. *Ata-Horticulturae* 710 : 359-363.

AI-Jaloud, A.A., Ongkingco, C.T., AI-Bashir, W., AI-Askar, A., AI-Aswad, S. e Karimulla, S. 2001. Necessidade hídrica de pepino e tomate cultivados em estufa com fertirrigação por gotejamento durante as safras de inverno e verão. *Anais da 5ª Conferência Internacional sobre Agricultura de Precisão, Bloomington, Minnesota, EUA.* 1-11. (16-19 julho, 2000 Pub.)

AI-Jaloud, Ali, Ongkingco, C.T., AI-Sharary, S. e AI-Bashir, W. 1999. Efeito das frequências de fertirrigação no crescimento e rendimento do pepino cultivado em estufa. *Saudi J. Bio. Sci.,* Vol. 6. No.2, PP. 156-166.

AI-Wabel, M.l., AI-Jaloud, AA., Hussain, G. e Karimulla, S. 2002. Fertirrigação para melhorar a eficiência do uso da água e o rendimento das culturas. *International-Atomic-EnergyAgency- Technical-Documents-IAEA - TECDOCS* 1266 : 69-78.

Akinci, S., Akinci, LE. e Dogar, N.2000. Effect of plant density on yield, economic gain and fruit quality in pickling cucumber. *Bahce* Pub. 2000; 28 *(1/2)* : 49-55.

Aldazabal Romero, M. R., Zamora Palacios e Celeiro F. Rodriguez. 1999. Influência de dois níveis de iluminação na floração e frutificação do tomateiro (*Lycopersicon esculentum* Mill.), cultivado no verão. Alimentaria, 36 (306): 83-86.

Al-Jaloud, A.A., Baig, M.S., Errebhi, M.A., Abdelgadir, A.H. e Sarhan, H.B. 2006. O efeito da fertirrigação de diferentes níveis de azoto, fósforo e potássio no rendimento do pepino em estufa. *Ata Hort.,*710: 359-364.

Alsadon, A.A., Wahb-allah, M.A. e Khalil, S.O. 2006. Crescimento, rendimento e qualidade de três cultivares de pepino em estufa. *Journal of King Saud University.Agricultural Sciences* vol. 18, No.2. (1426)

Altunlu, H.A., Gul e Tunc. A.1999. Efeitos da nutrição de azoto e potássio no crescimento das plantas, rendimento e qualidade dos frutos de pepinos cultivados em perlite. *Ata Hort.,* 491: 383-388.

Al-Wabel, **A.A., Al-Jaloud, G. Hussain, S. 2006.** A fertirrigação como ferramenta para melhorar a eficiência da utilização do azoto e o rendimento. *Ata Hort.,* 710: 295-300.

Amerine, M.A., Pangborn, R.M. e Roessler, E.B. 1965. *Principle oj sensory evaluation of food* Academic Press, London.Anonymous, 2008. *Vishwa Krishi Sanchar,* Set. 2008, ano-II, vol. 04.

Arnon, D.L 1949. Enzimas de cobre em cloroplastos isolados. Polifenol oxidase em *Beta vulgaris. Plant Physiol. 24:1-15.*

Arora, S.K., Bhatia, AX., Singh, V.P. e Yadav, S.P.S. 2006. Performance of indeterminate tomato hybrids under greenhouse conditions of North Indian plains (Desempenho de híbridos de tomate indeterminados em condições de estufa nas planícies do Norte da Índia). *Haryana J Horti. Sci.* 35 (3 & 4) : 292-294.

AVRDC, (1999). Produção de legumes . AVRDC, shanhuatianan, Taiwan, pp. 182

Ayodele, V.I. 2002. Influência da fertilização com azoto no rendimento de espécies de *amaranto. Ata Hort.*, 571: 89-94.

Babik, I. And Elkner, K. 2002 The effect of nitrogen fertilization and irrigation on yield and quality of broccoli. *Ata Hort.,* 571: 33-43

Bafna, A.M., Dafiardar, S.Y., Khade, K.K., Patel, P.V. e Dhotre, R.S. 1993. Utilização de nitrogênio e água pelo tomate sob sistema de irrigação por gotejamento. *Journal of Water Management* 1 (1): 1-5.

Bahadur, A. e Singh, K.P. 2005. Otimização do espaçamento e programação de irrigação por gotejamento em tomate indeterminado *(Lycopersicon esculentum). Indian Journal of Agricultural Sciences* 75 (9): 563-565.

Bairagi, S.K, Singh, D.K, e Ram. H.H. 2013. Análise da capacidade de combinação em pepino (cucumis sativus L.) através do sistema de acasalamento de meio dialelo. Anais de Horticultura, 6 (2): 308-314

Bajracharya, R.M. e Shana, S. 2005. Influência do método de irrigação por gotejamento no desempenho e produtividade de pepino e tomate. *Kathmandu University Journal of Science, Engineering and Technology.* vol. 1(1) : Sep. 2005.

Bakar, A, Jilani, M.S. e Iqbal, M. 2006. Efeito de diferentes níveis de NPK no crescimento e no rendimento do pepino *(Cucumis sativus* L.) sob o turmel de plástico em Multan. *Dissertação de Mestrado (Hons.). Universidade de Gomal.*

Bansal, R.P., Bohra, P.N. e Sen, D.N. 1976. Effect of counnarin and IAA on the pigment system in some arid zone plant. *Geobios 3:62-63.*

Benzioni et al., 1991. Efeito das datas de sementeira, temperaturas na germinação, floração e rendimento de *Cucumis metuliferus,* HORTSCIENCE 26(8):1051-1053.

Beyaert, R. P., Roy R.C. e Ball coelho B.R., 2007 efeitos da irrigação e da gestão de fertilizantes na produtividade do pepino para processamento e na eficiência do uso da água. *Can. J. Plant sci.,* 87: 355-363.

Bihari, Kunj 2012. Efeito das condições de cultivo na produção de sementes híbridas em Summer Squash *cv.* Pusa Alankar. Tese de Mestrado. Tese, Instituto Indiano de Investigação Agrícola, Nova Deli-110012.

Biryukova, N.K. e Maslovskaya, E.M. 2006. Híbridos partenocárpicos de pepinos.*Kartofel-i-Ovoschchi* (2) : 8.

Borah, R.K. 2001. Efeito das datas de sementeira na incidência da mosca da fruta *(Bactrocera cucurbitae* Coq.) e no rendimento do pepino *(Cucumis sativus* L.) na zona das colinas de Assam. *Anais de Biologia* 17: 211-212.

Borowski, E. 1994. Resposta das plantas de tomate às formas de azoto em condições de intensidade luminosa total e reduzida. Horticultura, 2: 1-12.

Broeck, L., Van, D., Lapage, E. 1999. Comparação de cultivares de pepino e idade das plantas, cultura de pepino de 1999. *Proeftuinnieuws* 9 (22) 12-15

Cantliffe, D.J., Shaw, N., Jovicich, E., Rodriguez, J.e., Seeker, I. e Karchi, Z. 2001. Produção de produtos hortícolas em estufa de teto alto com ventilação passiva num clima húmido e de inverno ameno. *Ata Horticulturae* 559 : 195-201.

Cardoso, A.I.I. e Silva, N.2003. Avaliação de híbridos de pepino "japonês" sob cultivo protegido em duas datas de semeadura. *Horticultura Brasileira* 21:171-176.

Cardoso, A.LL 2002. Avaliação de cultivares de pepino "Caipira" em cultivo protegido em duas datas de semeadura. *Bragança 61:43-48.*

Chadha, K. L. e Lal, T. 1993. Improvement of cucurbits (Melhoramento de cucurbitáceas). Advances in Horticulture, Eds. Chaddha, K.L. e Kalloo, G. Malhotra publishing house, New Delhi 5(1): 137-144.

Cheema, D. S., Kaur, P., Sandeep Kaur. 2004. Cultivo de tomate fora de época em condições de estufa. *Ata-Horticulturae.* 659(1):177-181.cherry tomato. *Horticultura Argentina* 16 (40-41) : 5-10.

Choudhari, S.M. *et al.* 2002. Necessidade de fertirrigação, fertilizante e espaçamento de híbridos de pepino ginóicos tropicais. *Ata Hort.,* 588: 233-240.

Choudharl, S.M. e More, T.A. 2002. Necessidade de fertirrigação, fertilizante e espaçamento de híbridos de pepino ginóicos tropicais. *Ata-Horticulturae* 588 : 233-240.Cochran, W.G. e Cox, *a.M.* 1950. *Experimental Design*. Pub. John Willey Inc. Nova Iorque 106-110.

Das, M.K. 1987. Crescimento e rendimento da cabaça pontiaguda influenciados pela fertilização com azoto e fósforo. *Veg. Sci.,* 14(1):18-26.

Dasgan, Y.H. e Abak, K. 2003. Efeitos da densidade de plantação e do número de rebentos no rendimento e nas características dos frutos do pimento cultivado em estufa. *Turk J. Agric. For.* 27 : 29-35.

Deepak Misra. 2014 efeito do espaçamento e do tempo de plantação no crescimento e rendimento da cebola var.N-53 sob Manipur Himalayas. *Indian J. Hort. 71(2): 207-210*

Depascale, S., Tamburrino, R.Maggio. 2006. Efeitos da fertilização com azoto no valor nutricional do tomate cultivado de forma biológica e convencional. *Ata Hort.,* 700: 107-110.

Dera Ismail Khan. Ban, D., Goreta, S. e Borosic. J. 2006. O espaçamento entre plantas e a cultivar afectam o crescimento do melão e os componentes do rendimento. *Scientia Horticulturae* 109 : 238-243.Bangalore (11-14 de novembro de 2002). Abstr. No. IV - 87-P, PP: 191.

Dillip Kumar Dingal1, S.S. Patil, M.S. Birada e S.M. Mantur. 2018. Influência de diferentes condições protegidas no crescimento e rendimento de híbridos de pepino partenocárpico (*Cucumis sativus*) *Int.J.Curr.Microbiol.App.Sci* 7(5): 1619-1624

Dimitrov, P. e Kanazirska, V. 1995. Otimização da densidade dos pepinos de estufa plantados em janeiro. *Rasteniev IIdni Nauki ll* 32 (7/8) 45-48 Institutpo Ze1emchukoni Kulturi Maritsa, Plondiv, Bulgária.

Diviya Sharma, V.K. Sharma e Anjali Kumari . 2018. Efeito do espaçamento e da formação no crescimento e rendimento do pepino híbrido cultivado em estufa (*Cucumis sativus* L.) *Int.J.Curr.Microbiol.App.Sci* (2018) 7(5): 1844-1852.

El-Abd, M.T.G., Shanan, S.A., Abou A.F. e Saleh, M.M. 1994. Efeito de diferentes densidades de sombreamento no crescimento e rendimento de plantas de tomate e pepino. *Egyptian J. Hort.,* 21(1): 65-80.

El-Aidy, F., El-Zawley, A., Hassan, N. e El-Sawy, M. 2007. Efeito do tamanho do túnel de plástico na produção de pepino no delta do Egipto. *Applied Ecology and Environmental Research* 5 (2) : 11-24.

El-Aidy, F., Moustafa, S. e El-Afry. 1983. Influência da sombra no crescimento e rendimento do tomate cultivado no verão no Egipto. *Plasticulture.* 59:33-36.

El-Gizawy, A.M., Abdallah, M.M.F.. Gomaa, H.M. e Mohamed. S.S. 1993. Efeito de diferentes níveis de sombreamento nas plantas de tomate; rendimento e qualidade dos frutos. *Ata. Hort.,* 323: 349-354.

El-Shawaf, 1. 1.S. e Baker, L.R. 1981. Capacidade de combinação e variâncias genéticas de híbridos GxH FI para produção partenocárpica em pepino de conserva ginóico para colheita mecânica única. *J. Amer. Soc. Hort.Sci* 106 (3) : 365-370.

Engyndenyz, S. 2000. Economic feasibility of orgamc greenhouse cucumber production: the case of Menderes. *Journal of Applied Horticulture, Lucknow.* 2 (2) : 113-116.**Etman, A.A. 1995.** Resposta do pepino à densidade de plantas. *J. King Saud Univ.,Agric. Sci.* (2) Vol. 7, PP 199-208.

FAOSTAT, 2014. "Principais culturas - por países / regiões, rankings; escolha pepino e pepinos, mundo". *Food and Agricultural Organization.***Fernandes, A.A., Martinez, H.E.P. e Oliveira, L.R. 2002.** Efeito de fontes de nutrientes na produtividade, qualidade dos frutos e estado nutricional de plantas de pepino cultivadas em hidroponia. *Horticultura Brasileira* 20: 571-575.

Fernandez. Trujillo, J.P., Sanchez, C., Obando, l, Gomez, M.D. e Mercader, J.M. 2004. Qualidade de frutos de pepino em estufa cultivados em substrato de perlite ou técnica de película de nutrientes. *Ata Horticulturae.* 633 : 229-236.

Fernandez-Trujillo, J.P., Garcia-Romero, M.C., Miranda, C., Mercader, lM. E Gomez-Lopez, M.D. 2003. Influência da recirculação da solução nutritiva e da estação do ano na qualidade dos frutos de pepino cultivados em substrato de perlite. *Ata Horticulturae* (SECH) 39 : 215-216.

Flemine, X., (2010) Estudos sobre a produção de sementes híbridas em abóbora em condições de estufa à prova de insectos e em campo aberto. *Dissertação de Mestrado. Tese*, Instituto Indiano de Investigação Agrícola, Nova Deli-110012.

Fonseca, I.e., Klar, A.E., Goto R. e Neves, C.S. 2003. Efeitos da cobertura do solo com polietileno colorido e da enxertia na floração e produtividade do pepino. *Scientia Agricola.* V.60 (4) : 643-649.

Franscescangeli, N. X., Ferrato, A., Rosania e P. Marcozz. (1994). Sombreamento da estufa, efeito no ambiente da estufa e incidência de flores e podridões no tomate de primavera verão. Horticultura Argentina. 13(33): 65-70.

Gao, LiHong, Chen, Qing Jun, Zhang, FuMan. *2002.* Estudo da adaptabilidade de variedades de pepino *(Cucumis sativus* L.) de diferentes tipos em cultivo protegido. *China Vegetables* (3) : 20-23.

Gebologlu, N. e Saglam, N. 2002. O efeito de diferentes espaçamentos entre plantas e materiais de cobertura vegetal no rendimento e na qualidade dos frutos do pepino de conserva. *ActaHorticulturae* 579 : 603-607.

Gomez-Lopez, MD., Fernandez Trujillo, J.P. e Baille, A. 2006. Qualidade dos frutos de pepino na colheita afetada pelo sistema sem solo, idade da cultura e condições climáticas pré-colheita durante duas épocas consecutivas. *Scientia Horticulturae* 110 : 68- 78.

Goswami, R.K.* e Sharma, S. *1997. Efeito de P e K no rendimento da cabaça espinhosa. *Hort. J.,* 10(2): 101-106.

Gruda, N. 2005. Impacto dos factores ambientais na qualidade do produto de hortícolas de estufa para consumo em fresco. *Crit. Rev. Plant Sci.* 24 : 227-247.

Guler, S. e Ibrikci, H. 2002. Rendimento e composição elementar do pepino como afetado pela irrigação por gotejamento e sulco. *Ata Horticulturae* 571 : 51-57.

Guler, S., Ibrikci, H. e Buyuk, G. 2006. Efeitos de diferentes taxas de nitrogênio na produção e no conteúdo de nutrientes das folhas de pepino fertirrigado por gotejamento e cultivado em estufa, *Asian J. Pl. Sci.,* 5(4): 657-662.

Guncan, Ali, Madanlar, N., Yoldas, Z., Ersinj F. e Tuzel, Y. 2006. Estado das pragas na produção biológica de pepino em condições de estufa em Izmir (Turquia). *Turk. entamol. derg.* 30 (3) : 183-193.

Guo, R., Xiaolin, Li, Christie, P., Qing, Chen e Zhang, F. 2008. As temperaturas sazonais têm mais influência do que as taxas de fertilizante de azoto no rendimento do pepino e na absorção de azoto num sistema de cultivo duplo. *Environmental Pollution* vol. 151, No.3; PP. 443-451

Hamamota, S., Rumpel, J. e J. Dysko. 1999. Resposta da couve branca tardia à fertirrigação e à aplicação de azoto a lanço. Investigação sobre culturas hortícolas. Bull, 50 : 21-30.

Hanna, H.Y. e Adams, AJ. 1991. Estaquear pepinos frescos para obter maiores rendimentos: um relatório de investigação a longo prazo. *Proc. Fla. State Hart. Soc.* 104 : 237-240.

Hawa, J., Embi, Y. e Rezuwan, K. 1992. Cultivo de vegetais em abrigos de chuva simples na Malásia. Centro de Tecnologia de Alimentos e Fertilizantes, Cidade de Teipei, República da China em Taiwan, Boletim de Extensão No. 350

Heiser, C.B. 1979. The gourd book. University of Oklahoma Press, Norman.

Hochmuth, R.C., Davis, L.L.L., Laughlin, W.L., Simonne~ E.H., Sargent, S.A. e Berry, A. 2004. Avaliação de 12 cultivares de mini pepino (Beit-Alpha) em estufa e 2 sistemas de cultivo durante o inverno de 2002-2003 na Florida. *Ata-Horticulturae* 659 (1) : 461-466.

Hochmuth, R.c., Leon, L.C. e Hochmuth, O. J. 1996. Avaliação de doze cultivares de pepino de estufa e dois sistemas de formação durante duas épocas na Florida. *Proc. Fla. State. Hart. Soc.* 109 : 174-177.

Hossein Zahedi. 2014. efeito da data de plantio e vermicomposto na produção de sementes e essências de endro (*Anethum graveolens* L.). *Biological Forum - An International Journal* 6(2): 357-361

J aksungnaro e AkaIi~Sema 2001. Efeito da época de sementeira e do nível de azoto no crescimento, rendimento e qualidade do pepino cv. AAUC-2 . *Haryana Journal of Horticultural Sciences* 30 : 108-110.

Jackson, M.L. 1973. *Soil Chemical Analysis,* Prentice Hall of India Pvt. Ltd., Nova Deli.

Janapriya S., Palanisamy, D. e Ranghaswami M.V.2010. meios sem solo e fertirrigação para a produção de pepino (*cucumis sativus*) cv. green long em estufa com ventilação natural, *International J. Agri., Envi. and Biotech.,* 3(2): 199-205.

Janse, J. 1990. Clima de verão. Melhor qualidade do tomate com a utilização da sombra de verão. Groenten fruit, 45(39): 32-33.

Jarvan, M. e Poldma. P. 2004. Teor de nutrientes vegetais nos produtos hortícolas em função de vários materiais de cal utilizados para neutralizar a turfa de pântano. *Agronomy Research* 2 (l): 39-48.

Jat. Gograj Singh. 2011. Estudos sobre a produção de sementes híbridas de abóbora em condições de estufa à prova de insectos e em campo aberto. *Dissertação de Mestrado. Tese,* Instituto de Investigação Agrícola da Índia, Nova Deli-110012.

Jiang, Y., Wang, J.T., Shi, H.X. e Liao, 1.S. 2000. Efeito da época de sementeira do pepino de inverno em estufa solar no número de flores femininas. *Journal of Luoyang Agricultural College* 20: 16-17 Jones, J.B. 1998. Plant Nutrition Manual. Press.

Jilani, M.S., Bakar, A., Waseem, K. e Kiran, M. 2009. Efeito de diferentes níveis de NPK no crescimento e rendimento do pepino (*Cucumis sativus*) sob o túnel de plástico, *J. Agric. Soc. Sci.,*5(3): 99-101.

Kaniszewski, S. e Burner, K. 2002. Qualidade de pepinos afetada pela irrigação por gotejamento e fertirrigação. *Folia Horticulturae* 14 : 143-154.

Kanthaswamy, V., Singh, N., Veeraragavathatham, D., Srinivasan, K. e Thiruvudainambi, S. 2000. Estudos sobre o crescimento e o rendimento do pepino e do brócolo em condições de estufa. *South Indian Horticulture* 48 : 47-52.

Kapuriya,V.K., K.D.Ameta,Suresh Kumar Teli, akshay Chittora,Suman Gathala e Satveer Yadav, 2017. Efeito do espaçamento e da formação no crescimento e no rendimento do pepino (*cucumis sativus*) cultivado em estufa. Int. J. Curr. Microbiology.App. Sci., 6(8) : 299-304.

Kavitha, M. 2005. Estudos sobre o efeito da sombra e da fertirrigação no crescimento, rendimento e qualidade do tomate (*Lycopersicon esculentum* Mill.).Tese de doutoramento, Tamil Nadu Agri. Univ., Coimbatore.

Kook, K. J., Chel, U.Y., P. Dongkum, L., Jaettan e Kwangwoon, K. 1998. Efeito do sombreamento automático durante a estação estival no crescimento e rendimento de legumes de fruto em casa de filme plástico. *J. of Hort. Sci.*, 40 (1): 1-7.

Korol, V.G. 2005. Características biológicas do pepino Fl kurazh. *Kartofel-i-ovoshchi (5)*: 31.

Kosson, R. 2000. Efeito do método de cultivo no armazenamento de frutos de pepino. *Boletim de Investigação de Culturas Hortícolas*, 53: 31-44.

Krawinkel, M.B. e Keding GB. 2006 Bitter Gourd (*Momordica charantia*): A dietary approach to hyperglycemia nutrition reviews [Internet] [citado 2014 Jun 5]; 64(7):331-7.

Kwabiah.2004. Crescimento e rendimento de cultivares de milho doce (*Zea mays* L.) em resposta à data de plantação e à cobertura de plástico num ambiente de estação curta, *Scientia Horticulturae* 102:147-166

Lal, M., Kanwar, H.S. e Kanwar, R. 2014. Impacto do espaçamento e da formação no rendimento de sementes de capsicum, capsicum annum L. em condições protegidas. International Journal of Farm Science, 4(3): 42-48

Lim, M. 1997. Cultivo de pepinos *(Cucumis sativus)* utilizando a técnica de película de nutrientes em sistema hidropónico numa estufa tropical. *Singapore Journal of Primary Industries* 25 : 43-50.

MA Dehua, Lu Shuzhen e Huo Z.R. 1997. Reprodução de pepino 'Jinyou I' *para* cultivo de proteção. *China Vegetables* No.6, 21-23 Tianjin Cucumber Research Institute, Tianjin 300192, China.

Mantur, S.M. e Patil, S.R. 2008. Influência do espaçamento e da poda no rendimento do tomate cultivado em casa de sombra. *Karnataka* 1. *Agric. Sci.* **21** (1) : 97-98.

Marcelis, L.M.F. e Gijzen, H. 1998. Avaliação em condições comerciais de um modelo de previsão da produtividade e qualidade de frutos de pepino. *Sci. Horti.* (Amsterdão) **76** : 171-181.

Marcelis, L.M.F. e Gijzen, H. 1998. Avaliação em condições comerciais de um modelo de previsão da produção e qualidade de frutos de pepino. *Sci. Horti.*(Amster.) 76 : 171-181.

Maynard, E.T. e Scott, W.D. 1998. O espaçamento entre plantas afecta o rendimento do melão "Superstar". *Hort. Sci.* 33 (1) : 52-54.

Medany, M. A., Hassanein, M. K. e Farag, A. A. 2009. Effect of Black and White Nets as Alternative Covers to Sweet Pepper Production under Greenhouses in Egypt (Efeito de redes pretas e brancas como coberturas alternativas para a produção de pimentão em estufas no Egipto). *Ata Horticulturae.* 807(1): 121-126.

Moccia, S. e Katcherian, F. 1999. Efeitos da densidade sobre os componentes do rendimento do tomate cereja. *Horticultura Argentina* **16** (40-41) : 5-10.

Mostafa, H. e Mohammad .M.M 2012. Efeito da taxa e do tempo de aplicação de azoto na produção de frutos e na acumulação de elementos nutritivos em *Momordica charantia, Journal of the Saudi Society of Agricultural Sciences* 11, 129-133

Moutonnet, P. e Heng, L.K. 2002. Visão geral do programa da IAEA sobre estudos de fertirrigação na região mediterrânica. Nuclear techniques in integrated plant nutrient, water and soil management proceedings of an international symposium held at Vienna (Austria) : 217-234.

Muhammad, F., Mahmood, T., Amanallah,]. e Hidayat, U. 1998. Comparative performance of some cucumber hybrids under plastic tunnel during spring and autumn season. *Sarhad Journal of Agriculture* 14 (1) 29-32 Vegetable crops, National Agriculture Research Centre (NARC), Islamabad, Pakistan.

Nandkarni, K.M. 1927. *Indian Materia Medica.* Nandkarni & Co., Bombaim.Olsen, S.R., Cole, C.S., Watanable, F.S. e Dean, C.A. 1954. Estimation of available phosphorus in soil by extraction with NaHC03- USDA, Washington, D.C., *Circular,* PP.939.

Nasiruddin, K.M., Sharfuddin, A.F.M. e Romiza Begum. 1995. Efeito de diferentes tratamentos de sombreamento no crescimento, rendimento e qualidade do tomate cv. Roma V. F e Marglobe. The Punjab Vegetable Growers, 30: 35-44.

Nerson, H. 2009. Efeitos da época de cultivo e da cultivar na produção de sementes e na qualidade dos melões cultivados em estufa. *Ata Horticulturae.* 843: 235-240.

NHB Data Base.2014. National Horticulture Board Department of Agriculture and Co-operation, Government of India.

Pandey, R.P. 1973. Nota sobre o efeito do azoto e da hidrazida maleica na expressão sexual e no rendimento da cabaça de garrafa *(Lagenaria siceraria* Mol. Standl.). *Indian J. Agric. Sci.,* 43(9): 882-883.

Pandey, V., Ahmed, Z, Tewari, H.C. e Kumar, N, 2005. Effect of greenhouse models on plant growth and yield of capsicum in Uttranchal hills of North west Himalayas. *Indian Journal of Horticulture* 62 (3): 312-313.

Panse, V.G. e Sukhatme, P,V. 1985. Statistical Methods for Agricultural Workers. IARI, Nova Deli, PP. 145-155.

Papadopoulos, 1., Metochis, C. e Seraphides, N. 2006. Fertirrigação de pepino em estufa em condições salinas. Technical-Bulletin-Cyprus-Agricultural Research Institute 224 : 8 PP.

<u>**Papadopoulos,**</u> **A.P 1997.** A influência do espaçamento entre plantas na interceção e utilização da luz no tomateiro de estufa *(Lycopersicon esculentum* Mill.): A review, *Scientia Horticulturae,* 69 (1-2): 1-29.

Papadopoulos, A.P, e Pararajasingham, S. 1997. The influence of plant spacing on light interception and use in greenhouse tomato *(Lycopersicon esculentum* Mill.): A review: *Scientia Horticulturae* 69 (1-2) : 1-29.

Papadopoulos, A.P. e Khosla. S., 1993. Limitações da relação K: N na alimentação de nutrientes de tomates em estufa irrigados por gotejamento como uma ferramenta de gestão de culturas. Can. *J. Plant Sci.,* 73(1): 289-296.

Papadopoulos, I. 1987. Fertirrigação com azoto do tomate comum cultivado em estufa. Ciência do Solo. Sci. Plant Anal., 18(8): 897-907.

Papadopoulos, I. 1992. Fertirrigação com fósforo da batata irrigada por gotejamento. Fert. Res., 31(1): 9-13.

Papadopoulos, I. 1993. Fertirrigação de produtos hortícolas em estufas de plástico: situação atual e perspectivas futuras. *Ata Hort.,* 323: 151-174.

Papadopoulos, I.1986. Fertirrigação com azoto do pepino cultivado em estufa. *Planta e Solo*, 93: 87-93.

Parikh, H.S. 1969. Efeito do azoto no número de flores masculinas e femininas do pepino *(Cucumis sativus* L.) *Allahabad. pp.,*43 : 337-338.

Parks, S., Newman, S. e Golding, 1. 2004. Efeitos do substrato no crescimento do pepino em estufa e na qualidade dos frutos na Austrália. *Ata Horticulturae.* 648: 129-133.

Parvej, M. R., Khan, M. A. H. e Awal, M. A. 2010. Phenological Development and Production Potentials of Tomato under Polyhouse Climate (Desenvolvimento fenológico e potencial de produção do tomate em clima de estufa). *Journal of Agricultural Sciences.* 5(1): 19-31.

Patil, S.R., Desai, U.L., Pawai, B.G. e Patil, B.T., 1996. Efeitos das doses de NPK no crescimento e rendimento da cabaça de garrafa cv. samrat. *J. Maharashtra Agric. Univ.,* 21(1): 65-67.

Peil, R.M. e Lopez, G.1. 2002. Crescimento dos frutos e afetação da biomassa aos frutos no pepino: efeito da densidade e da disposição das plantas. *Ata-Horticulturae* 588 : 75-80.

Pevicharova, G. e Velkov, N. 2007. Análise sensorial de variedades de pepino em diferentes épocas de colheita 1. Pepinos para salada.J *Cent. Eur. Agric.* 8 (1) : 25-32. Piper, C.S. 1950. *Soil and plant analysis.* Inter Service Publishers, Nova Iorque.

Pirog, J. 2001. Utilidade da argila expandida como substrato para a cultura do pepino em estufa. *Boletim de Investigação sobre Culturas Hortícolas* 54 (1) : 111-116.

Pursglove, J.W. 1969. *Culturas tropicais. Dicotiledóneas. 1. Longmans.* Green and Co. Ltd. Londres e Herlow.

Radojka Maletic *et al.* 2007. Data de sementeira como fator de rendimento e qualidade da semente de feno-grego (*Trigonella foenumgraecum L*). Jornal de Ciências Agrícolas vol. 52: 1-8

Raman, S.S., Murthy, KM.D., Ramesh, G., Palani, S.P. e Chelliah, S. 2000. Efeito da fertirrigação no crescimento e rendimento do cornichão. *Vegetable Science* 27 : 64-66.

Ramirez, D. R., Wehner, T.e. e Miller, C.H. 1988. Análise de crescimento de três linhagens de pepino que diferem em hábito de planta. *Hort. Sci.* 23 (1) : 145-148.

Rashid, M.M. 1999. Sabgi Biggan (em bangla) . Rashid Publicatihg House, Dhaka pp 303.

Resende, G.M. de e Flori, J.E. 2004. Efeito do espaçamento de plantas na produtividade e qualidade de cultivares de pepino para conserva. *Horticultura Brasileira* 22 : 117-120.

Richards, L.A. 1968. *Diagnosis and Improvement a/Saline and Alkaline soils (Diagnóstico e melhoramento de solos salinos e alcalinos).* USDA Handbook No. 60. Oxford e IBH Pub.Co., Nova Deli.

Rimkevicius, L., Jankauskiene, J. e Brazaityte, A. 1999. Especificação da agro-técnica do pepino em estufas sem aquecimento. *Sodininkyste-ir-Darzininkyste* 18 : 79-85.

Rolaniya, Om Prakash, I. M. Verma1, S. R. Bhunia e S. K Choudhary. 2018. Efeito dos níveis de irrigação e cobertura morta no crescimento e rendimento do pepino (*Cucumis sativus* L.) sob Poly House. *Revista Internacional de Microbiologia Atual e Ciências Aplicadas* 7(3): 3748-3756.

Rubeiz, I. D. e Freiwat, M. M. 1995. Efeitos da cobertura das linhas e do mulch de plástico preto na produção de tomate. Agricultura Biológica e Hortaliças, 12(2): 113-118.

Rubeiz, I.G. 1989. Efeito de estufas de cultivo intensivo em regiões semiáridas na salinidade do solo e nas necessidades de fertilizantes azotados do pepino. *J. Pl. Nutrition,* 12(12): 1467-1472

Rubeiz, I.G.1990. Resposta do pepino de estufa aos fertilizantes minerais num solo com elevado teor de fósforo e potássio, *Journal of Plant Nutrition*, 13(2): 269-273

Ruiz, J.M. e Romero, L. 1998. Rendimento comercial e qualidade dos frutos de plantas de pepino cultivadas em condições de estufa: resposta ao aumento da fertilização azotada. *Journal 0/ Agricultural and Food Chemistry* 46 (10) 4171-4173 [En, 31 ref.]

Rukui, H., Fang, F. e Zhuang 2010. A data de sementeira, a densidade das plantas, os frutos por planta e a época de colheita influenciaram o rendimento e a qualidade das sementes híbridas de cabaça amarga (*Momordica charantia*), Proc. 4th IS on Cucurbits Ed. Xiaowu Sun: Ata Hort. 871, ISHS

Russo, V. M. 1993. O sombreamento dos tomateiros afecta de forma inconsistente a produção de frutos. Hort. Sci., 28(11): 1133.

Sari, N., Dasgan, H.Y. e Abak, K. 1999. Efeitos das datas de sementeira no rendimento e nos períodos de colheita de pepino em conserva na área GAP. *In Actas do Primeiro Simpósio Internacional sobre Cucurbitáceas, Adana. Turquia. Ata Horticulturae* No. 492, 227-232.

Sato, T., Matsuura, K" Narimatsu, J., Mizuno, N., Kitabatake, A., Okamoto, M. e Takayanagi, R. 2004. Um modelo para calibração da fertilização com nitrogênio em tubo gotejador de pepinos em casa de vegetação usando contagem de folhas. *Ata Horticulturae.* 659: 595-603.

Shalaby, GJ. e Hussein, H.A. 1994. A possibilidade de usar as sementes F2 para a produção de pepino em casas de plástico. *J. King Saud Univ.* Vol. 6, *Agric. Sci.* (2),' PP 301-310

Sharma, M.K. 2009. Efeito de diferentes meios de cultura e níveis de fertirrigação na produção de pepino (Cucumis sativus) em condições protegidas nas colinas. *Indian J. Agril. Sci.,* 79(11): 853-856.

Shaw, N.L., Cantliffe, D.J. e Stoffella, PJ. 2007. Uma nova cultura para os produtores norte-americanos em estufa: Beit alpha cucumber progress of production technology through University research trials (O progresso da tecnologia de produção do pepino Beit alpha através de ensaios de investigação universitária). Proc. III[a] IS sobre cucurbitáceas. *Ata Horticulturae.* 731 ; 251-258.

Shaw, N.L., Cantliffe, D.J., Rodriguez, J.C., Taylor, S. e Spencer, D.M. 2000. Pepino Beit Alpha - Uma nova e excitante cultura de estufa. *Proc. Fla. State Hort.Soc.* 113 : 247-253.

Shinde J.B. *et al.* 2010. Resposta do pepino à fertirrigação sob sistema de irrigação por gotejamento, *Bioinfolet,* 7(2): 161-164.

Shinde, S.H., Bhoi, P.G., Raskar, B.S., Panwar, D.D. e Bangar, A.R. *2001.* Efeito de fertilizantes solúveis em água aplicados através de gotejamento no crescimento e rendimento do algodão. (in) *Micro-irrigação* PP: 494-500.

Shweta, S., Bhatia, K. e Malik, M. 2014. Agricultura Protegida, Popular Kheti Volume -2, Issue-1 (janeiro-março)

Simon, P.W. e Navazio, J.P. 1997. Early orange mass 400, early orange mass 402, e late orange mass 404: Germoplasma de pepino com alto teor de caroteno. *Hart. Science.*32 (1) : 144-145.

Sing e Hupe, R.B. e Brahmanand, P.S. 2001. Status of fertigation in vegetable,plantation and cash crops: A review in *Micro-irrigation,* PP : 508-514.

Singh et al. 2006. Vegetables seed production Technology. 1[a] Ed. International Book Distributing Co., Lucknow. Pp. 143-145.

Singh e Hupe, R.B., Antony, E. e Behera, M.S. 2003. Efeito da irrigação por gotejamento, níveis de fertilizantes e cobertura vegetal nos parâmetros de rendimento da cabaça pontiaguda *(Trichosanthes dioica). Indian Journal of Agricultural Sciences* 73 (3) : 228- 231.

Singh e hupe, R.B., Antony, E., Mohanty, S. e Srivastava, R.C. 2005. Effect of fertigation on field grown tomato *(Lycopersicon esculentum). Indian Journal of Agricultural Sciences* 75 (6) : 329-332.

Singh, B. 2005. *Protected Cultivation of Vegetable Crops (Cultivo protegido de culturas hortícolas).* Kalyani Publishers, Ludhiana: 74-84.

Singh, B. e Sirohi, N. P. S. (2006). Cultura protegida de produtos hortícolas na Índia: problemas e perspectivas futuras. *Ata Horticulturae.* 710:339-342.

Singh, B. e Tomar, B. S. (2007). Cultivo de legumes sem vírus usando uma casa de rede à prova de insectos. *Phal Phool.* 25(9)13-14.

Singh, B., Eitan, N. e Sirohi, P.S. 2002. Performance of indeterminate tomato varieties under climate control greenhouse conditions of Northern plain. Resumo publicado na *IIInternational conference on Vegetables"* realizada em

Singh, B., Kumar, -M. 2006. Techno-economic feasibility of Israeli and indigenously designed naturally ventilated greenhouses for year-round cucumber cultivation. *Ata-Horticulturae.* 710 : 535-538.

Singh, B., Kumar, M. e Sirohi, N.P.S. 2005. G:rowing parthenocarpic cucumber in greenhouse is ideal. *Indian Horticulture. 49:22-23.*

Singh, D.N. e Chhonkar, V.S. 1986. Effect of nitrogen, phosphorus, potassium and spacings on growth and yield of muskmelon *(Cucumis melo* L.). *Indian* J. *Hort.,* 43(3-4): 265- 269.

Singh, M.C., J.P. Singh, S.K. Pandey, Dharinder Mahay e Varun Shrivastva.2017. Fatores que afetam o desempenho do cultivo de pepino com efeito de estufa - uma revisão *Int.J.Curr.Microbiol.App.Sci* (2017) *6*(10): 2304-2323.

Singh, S.K., Chaudhary, B.M., Prasad, K.K. e Suman, S. *2002. Early* production of important cucurbitaceous vegetables (Produção *precoce* de importantes hortaliças cucurbitáceas). *Journal of Applied Biology* 12: 49-53.

Siwek, P. e Capecka, E. 1999. Rendimento e qualidade dos frutos de algumas cultivares de pepino partenocárpico cultivadas em cobertura direta e proteção em túnel baixo. *Folia Horticulturae.* 11 (2) : 33-42.

Siwek, P. e Lipowiecka, M. 2004. Cultivo de pepinos sob coberturas plásticas - resultados económicos. *Folia Horticulturae* Ann. *16/2;* 49-55

Snedecor, G.W. e Cohran, W.G. 1967. *Statistical Methods,* 6th Ed. Oxford e IBH Publishing Co., Calcutá.

Snell, P.D. e Snell, C.T. 1955. Colorimeter methods of analysis, 3rd ed., Vol. Vol. J,

Somendra Meena , K.D. Ameta, R.A. Kaushik, Shankar Lal Meena e Madhu Singh. 2017. Desempenho do Pepino (*Cucucmis sativus* L.) como Influenciado pela Aplicação de Ácido Húmico e Micro Nutrientes sob Condição de Polyhouse *Int.J.Curr.Microbiol.App.Sci.6*(3): 1763-1767.

Souad El-Gengaihi. 2007. Efeito da fertilização com azoto e potássio no rendimento e na qualidade dos frutos de *Momordica charantia*, herba pronica vol. 53 no 1.

Srinivas, K. e Doijode, S.D. 1984. Efeito dos principais nutrientes na expressão sexual do melão *(Cucumis melo* L.). *Prog. Hort* .16(1-2): 113-115.

Subbiah, B.V. e Asija, G.L. 1956. Método alcalino para a determinação do azoto mineralizável. *Ciência Atual, 25:259-260.*

Suojala, T. 2006. Irrigação por gotejamento e fertirrigação de pepino em conserva. *Ata Hort.*, 700: 153-156. tomate cultivado em casa de sombra. *Karnataka* 1. *Agric. Sci.* 21 (1) : 97-98.

Suthar, M.R., Arora, S.K., Bhatia, A.K. e Dudi, B.S. 2006. Efeito da poda e do substrato no rendimento do pepino em estufa. *Actas do 43º Simpósio Croata e do 3º Simpósio Internacional sobre Agricultura, Gpatfja, Croácia* PP. 457-460.

Trimble,M.R.*et.al.*1995. Influência da nutrição em fósforo e dos fungos micorrízicos vesiculares-arbusculares no crescimento e rendimento do pepino de estufa (Cucumis saivus). *Can. J. Plant Sci.,* 75: 251-259.

Urrestarazu, M. e Mazuela, P.C. 2005. Efeito do fornecimento de oxigénio de libertação lenta por fertirrigação nas culturas hortícolas em cultura sem solo. *Scientia Horticulturae* 106 : 484-490.

USDA, (2016). Base de dados nacional de nutrientes para referência padrão.

VAN, N.J.D. Nostrand Co.,INC Ltd., Nova Iorque. Staub, IE. e Fredrick, L. 1985. Electrophoretic variation among wild species in the genus cucumis. *Cucurbit Genetics Cooperative* Rpt. 8 : 22-25.

Veeranna, H.K., Khalak, A., Farooqui, A.A. e Sujit, G.M. 2001. Efeito da fertirrigação com fertilizantes normais e solúveis em água em comparação com o método de gotejamento e fuLTOW no rendimento, fertilizante e eficiência do uso da água III Chilli (in) *Micro-irrigação,* PP 461-470.

Walkley,A. e Black,LA. 1947. Método de titulação rápida para o carbono orgânico dos solos. *Ciência do Solo, 37:29-32.*

Wang Shu, Guang Yong, Li, Meng Guoxia, Jia Yunmao, Wang Zhansheng e Duan Shuqiang. 2005. Efeitos da descarga do gotejador e espaçamento no crescimento do pepino em estufa solar chinesa sob irrigação por gotejamento. *Transactions Of the Chinese Society of Agricultural Engineering* 21: 167-170.

Wang, 1. J., Sun. Z.K. e Zhang, W.Z. 1999. Criação de uma nova variedade de pepino 'Jinyou No.2' para produção em estufa solar no inverno e na primavera. *China Vegetables* No.1, 28-30. Waseem, K., Kamran, Q.M. e Jilani, M.S. 2008. Efeito de diferentes níveis de azoto no crescimento e rendimento do pepino *(Cucumis sativus)*. *Jornal de Investigação Agrícola* 46 (3) 259-267.

Wierzbicka, B., Gadomska, J.M. e Nowak, M. 2007. Concentrações de alguns bionutrientes em frutos de pepino partenocárpicos em cultivo forçado. *Ata Sci. Pol., Hortorum Cultus* 6 (1) : 3-8.

Wolska, J.G., Bujalski, D. e Chrzanowska, A. 2008. Efeito de um substrato na produção e qualidade de frutos de pepino em estufa. *J. Elemental.* 13(2) : 205- 210.

Xiaolei, S. e Zhifeng, W. 2004. O índice de área foliar ótimo para a fotossíntese e produção de pepino em estufa plástica. *Ata hort.*, 633: 161-165.

Xizhen, Ai, Zhang, Zhenxian e Qiwei. He. 2001. Estudo da relação entre fertilizante N, densidade de plantas e rendimento de pepino em estufa solar no início da primavera. *China Vegetables;* 11-13.

Yadav A R *et al.* 2013. Efeito das datas de plantação e espaçamento nas características de crescimento e rendimento do gengibre (*Zingiber officinale* Ros.) var. IISR Mahima. Journal of Spices and Aromatic CropsVol. 22 (2): 209-214

Yanagi, T., Y. Veda. H. Sato. H. Hirai e Y. Oda. 1995. Efeitos do sombreamento e da ordem de frutificação na qualidade dos frutos do tomateiro de uma só rama. J. Jap. Sec. Hort. Sci., 64(2): 291-297.

Yildirim, E. e Guvenc, 1. 2004. Intercropping em pepino *(Cucumis sativus* L) em condições de estufa. *Indian Journal of Agricultural Sciences* 74 (12) :663-664.

YR Yukov. 1984. *Byulletin Vsesoyuznogo Nauchno Issledovate's Kogo Institute Udobrenii Agropochvovedeniya* 64 : 34-36.

Zhang, H. X. 2011. Resposta de rendimento e qualidade do pepino à irrigação e fertilização com nitrogênio sob irrigação por gotejamento subsuperficial em estufa solar. *Ciências Agrícolas na China,* 10(6): 921-930.

Zhao, D.G., Sun, H.Y. e Ren, G.S. 1998. Variedade de pepino de estufa - 'Luhuanggua No.Il', *China-Vegetables* (2) : 20-21.

Zhao, L.Z., Zhong K.S. e Janttoa Z. 2002. Rendimento e respostas fotossintéticas do tomate (*L. esculentum*) ao sombreamento em diferentes fases de crescimento. Indian J. of Agric. Sci., 72: 106-108.

1. Altura da planta (m) 90 DAS

ANOVA: I 2018

Fonte	d.f.	S. S.	M. S. S.	F. Cal.	F. Tab. 5%	Resultado
Replicação	2	0.01	0.00	1.75	3.18	NS
Variedade (V)	2	0.03	0.01	6.20	3.18	S
NPK (D)	2	0.27	0.13	66.12	3.18	S
Geometria da planta (P)	2	0.29	0.14	70.92	3.18	S
Int. (V x D)	4	0.25	0.06	30.51	2.55	S
Int. (D x P)	4	0.03	0.01	3.36	2.55	S
Int. (V x P)	4	0.14	0.03	16.81	2.55	S
Int.(V x D x P)	8	0.08	0.01	4.83	2.12	S
Erro	52	0.11	0.00	-	-	-
Total	80	1.19		-	-	-

ANOVA: II 2019

Fonte	d.f.	S. S.	M. S. S.	F. Cal.	F. Tab. 5%	Resultado
Replicação	2	0.01	0.00	2.01	3.18	NS
Variedade (V)	2	0.05	0.03	19.12	3.18	S
NPK (D)	2	0.12	0.06	45.64	3.18	S
Geometria da planta (P)	2	0.01	0.01	4.33	3.18	S
Int. (V x D)	4	0.19	0.05	35.63	2.55	S
Int. (D x P)	4	0.10	0.02	17.69	2.55	S
Int. (V x P)	4	0.19	0.05	34.74	2.55	S
Int.(V x Dx P)	8	0.18	0.02	16.36	2.12	S
Erro	52	0.07	0.00	-	-	-
Total	80	0.91		-	-	-

ANOVA: III   **Agrupado**

Fonte	d. f.	S. S.	M. S. S.	F. Cal.	F. Tab. 5%	Resultado
Replicação	2	0.00	0.00	0.39	3.18	NS
Variedade (V)	2	0.04	0.02	488.89	3.18	S
NPK (D)	2	0.15	0.08	1995.16	3.18	S
Geometria da planta (P)	2	0.07	0.03	865.84	3.18	S
Int. (V x D)	4	0.22	0.05	1427.75	2.55	S
Int. (D x P)	4	0.03	0.01	227.84	2.55	S
Int. (V x P)	4	0.11	0.03	729.60	2.55	S
Int.(V x Dx P)	8	0.08	0.01	274.03	2.12	S
Erro	52	0.00	0.00	-	-	-
Total	80	0.70		-	-	-

2. Perímetro do caule (cm)

ANOVA: IV   **2018**

Fonte	d. f.	S. S.	M. S. S.	F. Cal.	F. Tab. 5%	Resultado
Replicação	2	0.0002	0.0001	1.99	3.18	NS
Variedade (V)	2	0.0150	0.0075	161.74	3.18	S
NPK (D)	2	0.0295	0.0147	317.50	3.18	S
Geometria da planta (P)	2	0.0034	0.0017	36.13	3.18	S
Int. (V x D)	4	0.0031	0.0008	16.75	2.55	S
Int. (D x P)	4	0.0002	0.0000	0.96	2.55	NS
Int. (V x P)	4	0.0028	0.0007	15.31	2.55	S
Int.(V x Dx P)	8	0.0056	0.0007	15.13	2.12	S
Erro	52	0.0024	0.0000	-	-	-
Total	80	0.06		-	-	-

ANOVA: V   **2019**

Fonte	d. f.	S. S.	M. S. S.	F. Cal.	F. Tab. 5%	Resultado
Replicação	2	0.0004	0.0002	2.04	3.18	NS
Variedade (V)	2	0.0163	0.0081	91.33	3.18	S
NPK (D)	2	0.0340	0.0170	190.76	3.18	S
Geometria da planta (P)	2	0.0048	0.0024	27.04	3.18	S
Int. (V x D)	4	0.0046	0.0012	13.02	2.55	S
Int. (D x P)	4	0.0023	0.0006	6.48	2.55	S
Int. (V x P)	4	0.0046	0.0012	13.02	2.55	S
Int.(V x Dx P)	8	0.0028	0.0004	3.96	2.12	S
Erro	52	0.0046	0.0001	-	-	-
Total	80	0.07		-	-	-

ANOVA: VI   **Agrupado**

Fonte	d. f.	S. S.	M. S. S.	F. Cal.	F. Tab. 5%	Resultado
Replicação	2	0.0003	0.0001	2.02	3.18	NS
Variedade (V)	2	0.0155	0.0078	117.67	3.18	S
NPK (D)	2	0.0317	0.0159	240.10	3.18	S
Geometria da planta (P)	2	0.0040	0.0020	30.46	3.18	S
Int. (V x D)	4	0.0029	0.0007	11.15	2.55	S
Int. (D x P)	4	0.0008	0.0002	3.07	2.55	S
Int. (V x P)	4	0.0035	0.0009	13.17	2.55	S
Int.(V x Dx P)	8	0.0033	0.0004	6.32	2.12	S
Erro	52	0.0034	0.0001	-	-	-
Total	80	0.07		-	-	-

3. Área foliar (cm2)

<table>
<tr><td colspan="7">ANOVA: VII</td><td align="right">2018</td></tr>
</table>

Fonte	d. f.	S. S.	M. S. S.	F. Cal.	F. Tab. 5%	Resultado
Replicação	2	0.57	0.28	1.93	3.18	NS
Variedade (V)	2	418.16	209.08	1423.54	3.18	S
NPK (D)	2	555.92	277.96	1892.51	3.18	S
Geometria da planta (P)	2	356.72	178.36	1214.38	3.18	S
Int. (V x D)	4	132.16	33.04	224.96	2.55	S
Int. (D x P)	4	6.64	1.66	11.30	2.55	S
Int. (V x P)	4	1.76	0.44	3.00	2.55	S
Int.(V x Dx P)	8	9.44	1.18	8.03	2.12	S
Erro	52	7.64	0.15	-	-	-
Total	80	1489.01		-	-	-

<table>
<tr><td colspan="7">ANOVA: VIII</td><td align="right">2019</td></tr>
</table>

Fonte	d. f.	S. S.	M. S. S.	F. Cal.	F. Tab. 5%	Resultado
Replicação	2	0.58	0.29	1.59	3.18	NS
Variedade (V)	2	690.89	345.44	1889.01	3.18	S
NPK (D)	2	443.75	221.87	1213.29	3.18	S
Geometria da planta (P)	2	428.87	214.43	1172.60	3.18	S
Int. (V x D)	4	154.09	38.52	210.66	2.55	S
Int. (D x P)	4	21.51	5.38	29.41	2.55	S
Int. (V x P)	4	1.99	0.50	2.72	2.55	S
Int.(V x Dx P)	8	53.71	6.71	36.71	2.12	S
Erro	52	9.51	0.18	-	-	-
Total	80	1804.90		-	-	-

ANOVA: IX　　　　　　　　　　　　　　　　　　　　　　**Agrupado**

Fonte	d. f.	S. S.	M. S. S.	F. Cal.	F. Tab. 5%	Resultado
Replicação	2	0.00	0.00	0.00	3.18	NS
Variedade (V)	2	545.83	272.91	95608.92	3.18	S
NPK (D)	2	495.09	247.55	86721.45	3.18	S
Geometria da planta (P)	2	389.85	194.93	68287.90	3.18	S
Int. (V x D)	4	130.61	32.65	11439.25	2.55	S
Int. (D x P)	4	11.92	2.98	1043.78	2.55	S
Int. (V x P)	4	1.41	0.35	123.88	2.55	S
Int.(V x Dx P)	8	18.67	2.33	817.74	2.12	S
Erro	52	0.15	0.00	-	-	-
Total	80	1593.54		-	-	-

4. Distância internodal (cm)

ANOVA: X　　　　　　　　　　　　　　　　　　　　　　**2018**

Fonte	d. f.	S. S.	M. S. S.	F. Cal.	F. Tab. 5%	Resultado
Replicação	2	0.0125	0.0062	1.95	3.18	NS
Variedade (V)	2	0.2518	0.1259	39.52	3.18	S
NPK (D)	2	0.7916	0.3958	124.25	3.18	S
Geometria da planta (P)	2	0.3820	0.1910	59.96	3.18	S
Int. (V x D)	4	0.0438	0.0109	3.44	2.55	S
Int. (D x P)	4	0.0063	0.0016	0.50	2.55	NS
Int. (V x P)	4	0.0062	0.0015	0.48	2.55	NS
Int.(V x Dx P)	8	0.0191	0.0024	0.75	2.12	NS
Erro	52	0.1656	0.0032	-	-	-
Total	80	1.68		-	-	-

<table>
<tr><td>ANOVA: XI</td><td></td><td></td><td></td><td></td><td></td><td>2019</td></tr>
<tr><td>Fonte</td><td>d. f.</td><td>S. S.</td><td>M. S. S.</td><td>F. Cal.</td><td>F. Tab. 5%</td><td>Resultado</td></tr>
<tr><td>Replicação</td><td>2</td><td>0.0353</td><td>0.0176</td><td>2.08</td><td>3.18</td><td>NS</td></tr>
<tr><td>Variedade (V)</td><td>2</td><td>0.2138</td><td>0.1069</td><td>12.60</td><td>3.18</td><td>S</td></tr>
<tr><td>NPK (D)</td><td>2</td><td>0.7717</td><td>0.3858</td><td>45.47</td><td>3.18</td><td>S</td></tr>
<tr><td>Geometria da planta (P)</td><td>2</td><td>0.2729</td><td>0.1364</td><td>16.08</td><td>3.18</td><td>S</td></tr>
<tr><td>Int. (V x D)</td><td>4</td><td>0.0317</td><td>0.0079</td><td>0.93</td><td>2.55</td><td>NS</td></tr>
<tr><td>Int. (D x P)</td><td>4</td><td>0.0053</td><td>0.0013</td><td>0.16</td><td>2.55</td><td>NS</td></tr>
<tr><td>Int. (V x P)</td><td>4</td><td>0.0019</td><td>0.0005</td><td>0.06</td><td>2.55</td><td>NS</td></tr>
<tr><td>Int.(V x D x P)</td><td>8</td><td>0.0151</td><td>0.0019</td><td>0.22</td><td>2.12</td><td>NS</td></tr>
<tr><td>Erro</td><td>52</td><td>0.4412</td><td>0.0085</td><td>-</td><td>-</td><td>-</td></tr>
<tr><td>Total</td><td>80</td><td>1.79</td><td></td><td>-</td><td>-</td><td>-</td></tr>
</table>

<table>
<tr><td>ANOVA: XII</td><td></td><td></td><td></td><td></td><td></td><td>Agrupado</td></tr>
<tr><td>Fonte</td><td>d. f.</td><td>S. S.</td><td>M. S. S.</td><td>F. Cal.</td><td>F. Tab. 5%</td><td>Resultado</td></tr>
<tr><td>Replicação</td><td>2</td><td>0.0224</td><td>0.0112</td><td>2.05</td><td>3.18</td><td>NS</td></tr>
<tr><td>Variedade (V)</td><td>2</td><td>0.2324</td><td>0.1162</td><td>21.30</td><td>3.18</td><td>S</td></tr>
<tr><td>NPK (D)</td><td>2</td><td>0.7811</td><td>0.3905</td><td>71.58</td><td>3.18</td><td>S</td></tr>
<tr><td>Geometria da planta (P)</td><td>2</td><td>0.3250</td><td>0.1625</td><td>29.78</td><td>3.18</td><td>S</td></tr>
<tr><td>Int. (V x D)</td><td>4</td><td>0.0374</td><td>0.0094</td><td>1.72</td><td>2.55</td><td>NS</td></tr>
<tr><td>Int. (D x P)</td><td>4</td><td>0.0048</td><td>0.0012</td><td>0.22</td><td>2.55</td><td>NS</td></tr>
<tr><td>Int. (V x P)</td><td>4</td><td>0.0036</td><td>0.0009</td><td>0.17</td><td>2.55</td><td>NS</td></tr>
<tr><td>Int.(V x D x P)</td><td>8</td><td>0.0156</td><td>0.0020</td><td>0.36</td><td>2.12</td><td>NS</td></tr>
<tr><td>Erro</td><td>52</td><td>0.2837</td><td>0.0055</td><td>-</td><td>-</td><td>-</td></tr>
<tr><td>Total</td><td>80</td><td>1.71</td><td></td><td>-</td><td>-</td><td>-</td></tr>
</table>

5. Dias para o início do primeiro botão floral (DAS)

ANOVA: XIII						2018
Fonte	d.f.	S. S.	M. S. S.	F. Cal.	F. Tab. 5%	Resultado
Replicação	2	0.44	0.22	1.76	3.18	NS
Variedade (V)	2	9.63	4.81	38.43	3.18	S
NPK (D)	2	5.18	2.59	20.68	3.18	S
Geometria da planta (P)	2	159.86	79.93	638.20	3.18	S
Int. (V x D)	4	8.23	2.06	16.43	2.55	S
Int. (D x P)	4	1.28	0.32	2.56	2.55	S
Int. (V x P)	4	1.89	0.47	3.78	2.55	S
Int.(V x Dx P)	8	4.81	0.60	4.80	2.12	S
Erro	52	6.51	0.13	-	-	-
Total	80	197.83		-	-	-

ANOVA: XIV

Fonte	d.f.	S. S.	M. S. S.	F. Cal.	F. Tab. 5%	Resultado
Replicação	2	0.60	0.30	1.83	3.18	NS
Variedade (V)	2	10.03	5.01	30.79	3.18	S
NPK (D)	2	5.95	2.97	18.27	3.18	S
Geometria da planta (P)	2	140.81	70.40	432.33	3.18	S
Int. (V x D)	4	6.51	1.63	10.00	2.55	S
Int. (D x P)	4	4.25	1.06	6.53	2.55	S
Int. (V x P)	4	2.21	0.55	3.39	2.55	S
Int.(V x Dx P)	8	4.19	0.52	3.22	2.12	S
Erro	52	8.47	0.16	-	-	-
Total	80	183.01		-	-	-

ANOVA: XV

Agrupado

Fonte	d.f.	S. S.	M. S. S.	F. Cal.	F. Tab. 5%	Resultado
Replicação	2	0.52	0.26	1.80	3.18	NS
Variedade (V)	2	9.77	4.89	34.08	3.18	S
NPK (D)	2	5.41	2.71	18.87	3.18	S
Geometria da planta (P)	2	150.13	75.07	523.72	3.18	S
Int. (V x D)	4	7.25	1.81	12.64	2.55	S
Int. (D x P)	4	2.50	0.63	4.37	2.55	S
Int. (V x P)	4	1.90	0.48	3.32	2.55	S
Int.(V x Dx P)	8	3.66	0.46	3.19	2.12	S
Erro	52	7.45	0.14	-	-	-
Total	80	188.60		-	-	-

6. Dias de colheita dos primeiros frutos (DAS)

ANOVA: XVI   **2018**

Fonte	d.f.	S. S.	M. S. S.	F. Cal.	F. Tab. 5%	Resultado
Replicação	2	0.19	0.09	1.17	3.18	NS
Variedade (V)	2	53.82	26.91	331.57	3.18	S
NPK (D)	2	36.44	18.22	224.53	3.18	S
Geometria da planta (P)	2	19.58	9.79	120.65	3.18	S
Int. (V x D)	4	7.85	1.96	24.19	2.55	S
Int. (D x P)	4	2.36	0.59	7.28	2.55	S
Int. (V x P)	4	1.95	0.49	6.01	2.55	S
Int.(V x Dx P)	8	1.46	0.18	2.25	2.12	S
Erro	52	4.22	0.08	-	-	-
Total	80	127.88		-	-	-

ANOVA: XVII   **2019**

Fonte	d.f.	S. S.	M. S. S.	F. Cal.	F. Tab. 5%	Resultado
Replicação	2	0.22	0.11	1.83	3.18	NS
Variedade (V)	2	66.70	33.35	563.14	3.18	S
NPK (D)	2	34.08	17.04	287.74	3.18	S
Geometria da planta (P)	2	19.82	9.91	167.30	3.18	S
Int. (V x D)	4	8.72	2.18	36.83	2.55	S
Int. (D x P)	4	1.21	0.30	5.11	2.55	S
Int. (V x P)	4	2.55	0.64	10.77	2.55	S
Int.(V x Dx P)	8	2.30	0.29	4.86	2.12	S
Erro	52	3.08	0.06	-	-	-
Total	80	138.69		-	-	-

ANOVA: XVIII						Agrupado
Fonte	d.f.	S. S.	M. S. S.	F. Cal.	F. Tab. 5%	Resultado
Replicação	2	0.20	0.10	1.50	3.18	**NS**
Variedade (V)	2	60.07	30.04	445.44	3.18	S
NPK (D)	2	35.25	17.63	261.39	3.18	S
Geometria da planta (P)	2	19.68	9.84	145.97	3.18	S
Int. (V x D)	4	8.19	2.05	30.35	2.55	S
Int. (D x P)	4	1.68	0.42	6.22	2.55	S
Int. (V x P)	4	2.19	0.55	8.11	2.55	S
Int.(V x Dx P)	8	1.73	0.22	3.20	2.12	S
Erro	52	3.51	0.07	-	-	-
Total	80	132.50		-	-	-

7. N.º de frutos por planta

ANOVA: XIX						2018
Fonte	d.f.	S. S.	M. S. S.	F. Cal.	F. Tab. 5%	Resultado
Replicação	2	0.17	0.08	2.08	3.18	**NS**
Variedade (V)	2	55.25	27.62	689.48	3.18	S
NPK (D)	2	37.52	18.76	468.25	3.18	S
Geometria da planta (P)	2	16.34	8.17	203.92	3.18	S
Int. (V x D)	4	4.53	1.13	28.29	2.55	S
Int. (D x P)	4	1.40	0.35	8.74	2.55	S
Int. (V x P)	4	1.91	0.48	11.94	2.55	S
Int.(V x Dx P)	8	3.49	0.44	10.88	2.12	S
Erro	52	2.08	0.04	-	-	-
Total	80	122.69		-	-	-

Fonte	d.f.	S. S.	M. S. S.	F. Cal.	F. Tab. 5%	Resultado
Replicação	2	0.21	0.11	2.05	3.18	NS
Variedade (V)	2	71.98	35.99	689.03	3.18	S
NPK (D)	2	39.56	19.78	378.74	3.18	S
Geometria da planta (P)	2	13.87	6.93	132.77	3.18	S
Int. (V x D)	4	4.84	1.21	23.19	2.55	S
Int. (D x P)	4	1.29	0.32	6.18	2.55	S
Int. (V x P)	4	1.76	0.44	8.41	2.55	S
Int.(V x Dx P)	8	5.28	0.66	12.64	2.12	S
Erro	52	2.72	0.05	-	-	-
Total	80	141.51		-	-	-

Fonte	d.f.	S. S.	M. S. S.	F. Cal.	F. Tab. 5%	Resultado
Replicação	2	0.19	0.09	2.07	3.18	NS
Variedade (V)	2	63.13	31.56	689.52	3.18	S
NPK (D)	2	38.06	19.03	415.69	3.18	S
Geometria da planta (P)	2	15.05	7.53	164.39	3.18	S
Int. (V x D)	4	4.48	1.12	24.49	2.55	S
Int. (D x P)	4	1.32	0.33	7.22	2.55	S
Int. (V x P)	4	1.82	0.45	9.92	2.55	S
Int.(V x Dx P)	8	3.91	0.49	10.68	2.12	S
Erro	52	2.38	0.05	-	-	-
Total	80	130.34		-	-	-

8. Número de frutos não comercializáveis por planta

Fonte	d.f.	S. S.	M. S. S.	F. Cal.	F. Tab. 5%	Resultado
Replicação	2	0.05	0.03	2.08	3.18	NS
Variedade (V)	2	1.84	0.92	73.31	3.18	S
NPK (D)	2	1.16	0.58	46.25	3.18	S
Geometria da planta (P)	2	1.88	0.94	74.90	3.18	S
Int. (V x D)	4	0.18	0.04	3.54	2.55	S
Int. (D x P)	4	0.14	0.03	2.74	2.55	S
Int. (V x P)	4	0.50	0.12	9.90	2.55	S
Int.(V x Dx P)	8	0.44	0.06	4.40	2.12	S
Erro	52	0.65	0.01	-	-	-
Total	80	6.85		-	-	-

Fonte	d.f.	S. S.	M. S. S.	F. Cal.	F. Tab. 5%	Resultado
Replicação	2	0.07	0.03	1.87	3.18	NS
Variedade (V)	2	2.42	1.21	69.16	3.18	S
NPK (D)	2	1.07	0.53	30.60	3.18	S
Geometria da planta (P)	2	1.24	0.62	35.56	3.18	S
Int. (V x D)	4	0.31	0.08	4.45	2.55	S
Int. (D x P)	4	0.22	0.06	3.21	2.55	S
Int. (V x P)	4	0.76	0.19	10.85	2.55	S
Int.(V x Dx P)	8	0.42	0.05	2.97	2.12	S
Erro	52	0.91	0.02	-	-	-
Total	80	7.41		-	-	-

**ANOVA:
XXIV**   **Agrupado**

Fonte	d. f.	S. S.	M. S. S.	F. Cal.	F. Tab. 5%	Resultado
Replicação	2	0.06	0.03	2.02	3.18	**NS**
Variedade (V)	2	2.10	1.05	72.29	3.18	S
NPK (D)	2	1.11	0.56	38.35	3.18	S
Geometria da planta (P)	2	1.54	0.77	53.14	3.18	S
Int. (V x D)	4	0.22	0.06	3.84	2.55	S
Int. (D x P)	4	0.17	0.04	2.92	2.55	S
Int. (V x P)	4	0.62	0.15	10.63	2.55	S
Int.(V x Dx P)	8	0.38	0.05	3.28	2.12	S
Erro	52	0.76	0.01	-	-	-
Total	80	6.97		-	-	-

9. Peso médio do fruto (g)

ANOVA: XXV   **2018**

Fonte	d. f.	S. S.	M. S. S.	F. Cal.	F. Tab. 5%	Resultado
Replicação	2	0.01	0.00	1.99	3.18	**NS**
Variedade (V)	2	1.13	0.56	337.63	3.18	S
NPK (D)	2	173.98	86.99	52034.56	3.18	S
Geometria da planta (P)	2	360.22	180.11	107733.18	3.18	S
Int. (V x D)	4	0.03	0.01	4.65	2.55	S
Int. (D x P)	4	20.76	5.19	3105.11	2.55	S
Int. (V x P)	4	0.06	0.01	8.64	2.55	S
Int.(V x Dx P)	8	0.18	0.02	13.62	2.12	S
Erro	52	0.09	0.00	-	-	-
Total	80	556.46		-	-	-

ANOVA: XXVI						**2019**
Fonte	d.f.	S. S.	M. S. S.	F. Cal.	F. Tab. 5%	Resultado
Replicação	2	0.05	0.03	2.08	3.18	NS
Variedade (V)	2	1.32	0.66	52.35	3.18	S
NPK (D)	2	172.17	86.08	6851.62	3.18	S
Geometria da planta (P)	2	359.03	179.51	14287.88	3.18	S
Int. (V x D)	4	0.19	0.05	3.80	2.55	S
Int. (D x P)	4	19.74	4.93	392.74	2.55	S
Int. (V x P)	4	0.05	0.01	1.02	2.55	NS
Int.(V x Dx P)	8	0.24	0.03	2.41	2.12	S
Erro	52	0.65	0.01	-	-	-
Total	80	553.44		-	-	-

ANOVA: XXVII						**Agrupado**
Fonte	d.f.	S. S.	M. S. S.	F. Cal.	F. Tab. 5%	Resultado
Replicação	2	0.02	0.01	2.07	3.18	NS
Variedade (V)	2	1.22	0.61	104.74	3.18	S
NPK (D)	2	173.07	86.53	14913.14	3.18	S
Geometria da planta (P)	2	359.62	179.81	30987.79	3.18	S
Int. (V x D)	4	0.07	0.02	2.99	2.55	S
Int. (D x P)	4	20.24	5.06	872.15	2.55	S
Int. (V x P)	4	0.04	0.01	1.56	2.55	NS
Int.(V x Dx P)	8	0.16	0.02	3.42	2.12	S
Erro	52	0.30	0.01	-	-	-
Total	80	554.73		-	-	-

10. Produção de frutos por planta (kg)

ANOVA:XXVIII   **2018**

Fonte	d. f.	S. S.	M. S. S.	F. Cal.	F. Tab. 5%	Resultado
Replicação	2	0.02	0.01	2.08	3.18	**NS**
Variedade (V)	2	0.70	0.35	78.87	3.18	**S**
NPK (D)	2	1.42	0.71	159.00	3.18	**S**
Geometria da planta (P)	2	0.55	0.27	61.65	3.18	**S**
Int. (V x D)	4	0.14	0.03	7.74	2.55	**S**
Int. (D x P)	4	0.07	0.02	3.99	2.55	**S**
Int. (V x P)	4	0.04	0.01	2.50	2.55	**NS**
Int.(V x Dx P)	8	0.18	0.02	4.93	2.12	**S**
Erro	52	0.23	0.00	-	-	-
Total	80	3.35		-	-	-

ANOVA:XXIX   **2019**

Fonte	d. f.	S. S.	M. S. S.	F. Cal.	F. Tab. 5%	Resultado
Replicação	2	0.00	0.00	2.08	3.18	**NS**
Variedade (V)	2	0.97	0.48	435.30	3.18	**S**
NPK (D)	2	0.97	0.48	435.30	3.18	**S**
Geometria da planta (P)	2	0.55	0.27	246.60	3.18	**S**
Int. (V x D)	4	0.11	0.03	24.96	2.55	**S**
Int. (D x P)	4	0.11	0.03	24.96	2.55	**S**
Int. (V x P)	4	0.11	0.03	24.96	2.55	**S**
Int.(V x Dx P)	8	0.33	0.04	36.94	2.12	**S**
Erro	52	0.06	0.00	-	-	-
Total	80	3.21		-	-	-

ANOVA: XXX						Agrupado
Fonte	d. f.	S. S.	M. S. S.	F. Cal.	F. Tab. 5%	Resultado
Replicação	2	0.01	0.01	2.08	3.18	NS
Variedade (V)	2	0.83	0.41	165.07	3.18	S
NPK (D)	2	1.18	0.59	235.96	3.18	S
Geometria da planta (P)	2	0.54	0.27	107.83	3.18	S
Int. (V x D)	4	0.12	0.03	11.65	2.55	S
Int. (D x P)	4	0.04	0.01	4.33	2.55	S
Int. (V x P)	4	0.07	0.02	7.32	2.55	S
Int.(V x Dx P)	8	0.19	0.02	9.65	2.12	S
Erro	52	0.13	0.00	-	-	-
Total	80	3.12		-	-	-

11. Rendimento por metro quadrado (kg)

ANOVA: XXXI						2018
Fonte	d. f.	S. S.	M. S. S.	F. Cal.	F. Tab. 5%	Resultado
Replicação	2	0.04	0.02	2.08	3.18	NS
Variedade (V)	2	3.26	1.63	186.82	3.18	S
NPK (D)	2	3.50	1.75	200.57	3.18	S
Geometria da planta (P)	2	205.94	102.97	11801.62	3.18	S
Int. (V x D)	4	1.96	0.49	56.16	2.55	S
Int. (D x P)	4	0.58	0.14	16.62	2.55	S
Int. (V x P)	4	0.12	0.03	3.44	2.55	S
Int.(V x Dx P)	8	0.52	0.07	7.45	2.12	S
Erro	52	0.45	0.01	-	-	-
Total	80	216.37		-	-	-

ANOVA: XXXII						2019
Fonte	d. f.	S. S.	M. S. S.	F. Cal.	F. Tab. 5%	Resultado
Replicação	2	0.09	0.04	1.82	3.18	NS
Variedade (V)	2	9.29	4.64	188.58	3.18	S
NPK (D)	2	1.94	0.97	39.39	3.18	S
Geometria da planta (P)	2	193.45	96.72	3928.25	3.18	S
Int. (V x D)	4	1.59	0.40	16.18	2.55	S
Int. (D x P)	4	0.41	0.10	4.20	2.55	S
Int. (V x P)	4	1.87	0.47	18.95	2.55	S
Int.(V x Dx P)	8	0.43	0.05	2.20	2.12	S
Erro	52	1.28	0.02	-	-	-
Total	80	210.35		-	-	-

ANOVA:XXXIII						Agrupado
Fonte	d. f.	S. S.	M. S. S.	F. Cal.	F. Tab. 5%	Resultado
Replicação	2	0.06	0.03	1.97	3.18	NS
Variedade (V)	2	5.86	2.93	192.92	3.18	S
NPK (D)	2	2.66	1.33	87.54	3.18	S
Geometria da planta (P)	2	199.62	99.81	6569.83	3.18	S
Int. (V x D)	4	1.76	0.44	29.02	2.55	S
Int. (D x P)	4	0.33	0.08	5.49	2.55	S
Int. (V x P)	4	0.68	0.17	11.22	2.55	S
Int.(V x Dx P)	8	0.35	0.04	2.91	2.12	S
Erro	52	0.79	0.02	-	-	-
Total	80	212.12		-	-	-

12. Comprimento do fruto (cm)

<table>
<tr><td>ANOVA:XXXIV</td><td></td><td></td><td></td><td></td><td></td><td>2018</td></tr>
<tr><td>Fonte</td><td>d.f.</td><td>S. S.</td><td>M. S. S.</td><td>F. Cal.</td><td>F. Tab. 5%</td><td>Resultado</td></tr>
<tr><td>Replicação</td><td>2</td><td>0.07</td><td>0.03</td><td>1.57</td><td>3.18</td><td>NS</td></tr>
<tr><td>Variedade (V)</td><td>2</td><td>55.85</td><td>27.92</td><td>1260.36</td><td>3.18</td><td>S</td></tr>
<tr><td>NPK (D)</td><td>2</td><td>31.05</td><td>15.52</td><td>700.69</td><td>3.18</td><td>S</td></tr>
<tr><td>Geometria da planta (P)</td><td>2</td><td>8.68</td><td>4.34</td><td>195.78</td><td>3.18</td><td>S</td></tr>
<tr><td>Int. (V x D)</td><td>4</td><td>1.14</td><td>0.28</td><td>12.84</td><td>2.55</td><td>S</td></tr>
<tr><td>Int. (D x P)</td><td>4</td><td>0.31</td><td>0.08</td><td>3.51</td><td>2.55</td><td>S</td></tr>
<tr><td>Int. (V x P)</td><td>4</td><td>0.23</td><td>0.06</td><td>2.61</td><td>2.55</td><td>S</td></tr>
<tr><td>Int.(V x Dx P)</td><td>8</td><td>0.06</td><td>0.01</td><td>0.35</td><td>2.12</td><td>NS</td></tr>
<tr><td>Erro</td><td>52</td><td>1.15</td><td>0.02</td><td>-</td><td>-</td><td>-</td></tr>
<tr><td>Total</td><td>80</td><td>98.54</td><td></td><td>-</td><td>-</td><td>-</td></tr>
</table>

Fonte	d.f.	S. S.	M. S. S.	F. Cal.	F. Tab. 5%	Resultado
Replicação	2	0.01	0.00	1.12	3.18	NS
Variedade (V)	2	55.34	27.67	11965.59	3.18	S
NPK (D)	2	32.41	16.20	7006.95	3.18	S
Geometria da planta (P)	2	8.81	4.40	1904.17	3.18	S
Int. (V x D)	4	0.77	0.19	83.60	2.55	S
Int. (D x P)	4	0.03	0.01	2.88	2.55	S
Int. (V x P)	4	0.37	0.09	40.36	2.55	S
Int.(V x Dx P)	8	0.81	0.10	43.96	2.12	S
Erro	52	0.12	0.00	-	-	-
Total	80	98.67		-	-	-

ANOVA:XXXVI   Agrupado

Fonte	d.f.	S. S.	M. S. S.	F. Cal.	F. Tab. 5%	Resultado
Replicação	2	0.03	0.01	1.96	3.18	NS
Variedade (V)	2	55.59	27.80	3856.39	3.18	S
NPK (D)	2	31.64	15.82	2194.81	3.18	S
Geometria da planta (P)	2	8.69	4.35	602.84	3.18	S
Int. (V x D)	4	0.94	0.23	32.53	2.55	S
Int. (D x P)	4	0.12	0.03	4.20	2.55	S
Int. (V x P)	4	0.26	0.06	8.94	2.55	S
Int.(V x Dx P)	8	0.30	0.04	5.13	2.12	S
Erro	52	0.37	0.01	-	-	-
Total	80	97.94		-	-	-

13. Largura do fruto (cm)

ANOVA:XXXVII **2018**

Fonte	d. f.	S. S.	M. S. S.	F. Cal.	F. Tab. 5%	Resultado
Replicação	2	0.0002	0.0001	2.08	3.18	**NS**
Variedade (V)	2	0.0328	0.0164	368.66	3.18	**S**
NPK (D)	2	0.0865	0.0432	971.44	3.18	**S**
Geometria da planta (P)	2	0.0513	0.0256	576.08	3.18	**S**
Int. (V x D)	4	0.0038	0.0009	21.22	2.55	**S**
Int. (D x P)	4	0.0035	0.0009	19.72	2.55	**S**
Int. (V x P)	4	0.0008	0.0002	4.37	2.55	**S**
Int.(V x Dx P)	8	0.0044	0.0006	12.42	2.12	**S**
Erro	52	0.0023	0.0000	-	-	-
Total	80	0.19		-	-	-

ANOVA:XXXVIII **2019**

Fonte	d. f.	S. S.	M. S. S.	F. Cal.	F. Tab. 5%	Resultado
Replicação	2	0.0001	0.0001	1.95	3.18	**NS**
Variedade (V)	2	0.0854	0.0427	1404.37	3.18	**S**
NPK (D)	2	0.1108	0.0554	1821.95	3.18	**S**
Geometria da planta (P)	2	0.0630	0.0315	1036.10	3.18	**S**
Int. (V x D)	4	0.0043	0.0011	35.44	2.55	**S**
Int. (D x P)	4	0.0091	0.0023	74.89	2.55	**S**
Int. (V x P)	4	0.0019	0.0005	15.71	2.55	**S**
Int.(V x Dx P)	8	0.0126	0.0016	51.60	2.12	**S**
Erro	52	0.0016	0.0000	-	-	-
Total	80	0.29		-	-	-

ANOVA:XX XIX						Agrupado
Fonte	d. f.	S. S.	M. S. S.	F. Cal.	F. Tab. 5%	Resultado
Replicação	2	0.00	0.00	2.05	3.18	NS
Variedade (V)	2	0.06	0.03	766.54	3.18	S
NPK (D)	2	0.10	0.05	1328.96	3.18	S
Geometria da planta (P)	2	0.06	0.03	772.70	3.18	S
Int. (V x D)	4	0.00	0.00	14.14	2.55	S
Int. (D x P)	4	0.00	0.00	33.98	2.55	S
Int. (V x P)	4	0.00	0.00	1.82	2.55	NS
Int.(V x Dx P)	8	0.00	0.00	16.08	2.12	S
Erro	52	0.00	0.00	-	-	-
Total	80	0.22		-	-	-

14. Humidade %

ANOVA: XL						2018
Fonte	d. f.	S. S.	M. S. S.	F. Cal.	F. Tab. 5%	Resultado
Replicação	2	0.15	0.08	1.37	3.18	NS
Variedade (V)	2	9.90	4.95	88.11	3.18	S
NPK (D)	2	3.98	1.99	35.40	3.18	S
Geometria da planta (P)	2	0.04	0.02	0.32	3.18	NS
Int. (V x D)	4	0.60	0.15	2.66	2.55	S
Int. (D x P)	4	3.92	0.98	17.44	2.55	S
Int. (V x P)	4	2.26	0.56	10.05	2.55	S
Int.(V x Dx P)	8	3.81	0.48	8.48	2.12	S
Erro	52	2.92	0.06	-	-	-
Total	80	27.56		-	-	-

Fonte	d. f.	S. S.	M. S. S.	F. Cal.	F. Tab. 5%	Resultado
Replicação	2	0.01	0.01	2.08	3.18	NS
Variedade (V)	2	3.41	1.70	494.11	3.18	S
NPK (D)	2	5.49	2.74	795.79	3.18	S
Geometria da planta (P)	2	0.14	0.07	20.31	3.18	S
Int. (V x D)	4	1.15	0.29	83.16	2.55	S
Int. (D x P)	4	3.73	0.93	270.74	2.55	S
Int. (V x P)	4	4.81	1.20	349.07	2.55	S
Int.(V x Dx P)	8	6.77	0.85	245.60	2.12	S
Erro	52	0.18	0.00	-	-	-
Total	80	25.69		-	-	-

ANOVA: XLII   **Agrupado**

Fonte	d. f.	S. S.	M. S. S.	F. Cal.	F. Tab. 5%	Resultado
Replicação	2	0.07	0.03	1.59	3.18	NS
Variedade (V)	2	6.17	3.09	150.28	3.18	S
NPK (D)	2	4.67	2.34	113.69	3.18	S
Geometria da planta (P)	2	0.07	0.04	1.72	3.18	NS
Int. (V x D)	4	0.33	0.08	3.99	2.55	S
Int. (D x P)	4	3.64	0.91	44.25	2.55	S
Int. (V x P)	4	3.28	0.82	39.89	2.55	S
Int.(V x Dx P)	8	4.64	0.58	28.24	2.12	S
Erro	52	1.07	0.02	-	-	-
Total	80	23.93		-	-	-

15. Aceitação organoléptica

ANOVA: XLIII   **2018**

Fonte	d. f.	S. S.	M. S. S.	F. Cal.	F. Tab. 5%	Resultado
Replicação	2	0.11	0.06	1.22	3.18	NS
Variedade (V)	2	1.39	0.69	14.88	3.18	S
NPK (D)	2	0.49	0.24	5.22	3.18	S
Geometria da planta (P)	2	0.38	0.19	4.08	3.18	S
Int. (V x D)	4	2.07	0.52	11.08	2.55	S
Int. (D x P)	4	2.37	0.59	12.73	2.55	S
Int. (V x P)	4	1.29	0.32	6.94	2.55	S
Int.(V x Dx P)	8	3.59	0.45	9.64	2.12	S
Erro	52	2.42	0.05	-	-	-
Total	80	14.12		-	-	-

ANOVA: XLIV   **2019**

Fonte	d. f.	S. S.	M. S. S.	F. Cal.	F. Tab. 5%	Resultado
Replicação	2	0.18	0.09	1.70	3.18	NS
Variedade (V)	2	2.43	1.21	23.49	3.18	S
NPK (D)	2	0.62	0.31	6.00	3.18	S
Geometria da planta (P)	2	0.65	0.32	6.26	3.18	S
Int. (V x D)	4	1.61	0.40	7.81	2.55	S
Int. (D x P)	4	1.87	0.47	9.07	2.55	S
Int. (V x P)	4	1.23	0.31	5.94	2.55	S
Int.(V x Dx P)	8	1.69	0.21	4.10	2.12	S
Erro	52	2.69	0.05	-	-	-
Total	80	12.96		-	-	-

<table>
<tr><td>ANOVA:
XLV</td><td></td><td></td><td></td><td></td><td></td><td>Agrupado</td></tr>
<tr><td>Fonte</td><td>d. f.</td><td>S. S.</td><td>M. S. S.</td><td>F. Cal.</td><td>F. Tab. 5%</td><td>Resultado</td></tr>
<tr><td>Replicação</td><td>2</td><td>0.14</td><td>0.07</td><td>1.48</td><td>3.18</td><td>NS</td></tr>
<tr><td>Variedade (V)</td><td>2</td><td>1.85</td><td>0.92</td><td>19.12</td><td>3.18</td><td>S</td></tr>
<tr><td>NPK (D)</td><td>2</td><td>0.54</td><td>0.27</td><td>5.61</td><td>3.18</td><td>S</td></tr>
<tr><td>Geometria da planta (P)</td><td>2</td><td>0.49</td><td>0.24</td><td>5.04</td><td>3.18</td><td>S</td></tr>
<tr><td>Int. (V x D)</td><td>4</td><td>1.72</td><td>0.43</td><td>8.91</td><td>2.55</td><td>S</td></tr>
<tr><td>Int. (D x P)</td><td>4</td><td>2.10</td><td>0.52</td><td>10.85</td><td>2.55</td><td>S</td></tr>
<tr><td>Int. (V x P)</td><td>4</td><td>1.13</td><td>0.28</td><td>5.83</td><td>2.55</td><td>S</td></tr>
<tr><td>Int.(V x Dx P)</td><td>8</td><td>2.36</td><td>0.29</td><td>6.10</td><td>2.12</td><td>S</td></tr>
<tr><td>Erro</td><td>52</td><td>2.51</td><td>0.05</td><td>-</td><td>-</td><td>-</td></tr>
<tr><td>Total</td><td>80</td><td>12.83</td><td></td><td>-</td><td>-</td><td>-</td></tr>
</table>

16. SST (°Brix)

<table>
<tr><td>ANOVA:
XLVI</td><td></td><td></td><td></td><td></td><td></td><td>2018</td></tr>
<tr><td>Fonte</td><td>d. f.</td><td>S. S.</td><td>M. S. S.</td><td>F. Cal.</td><td>F. Tab. 5%</td><td>Resultado</td></tr>
<tr><td>Replicação</td><td>2</td><td>0.03</td><td>0.02</td><td>2.08</td><td>3.18</td><td>NS</td></tr>
<tr><td>Variedade (V)</td><td>2</td><td>0.42</td><td>0.21</td><td>29.07</td><td>3.18</td><td>S</td></tr>
<tr><td>NPK (D)</td><td>2</td><td>0.32</td><td>0.16</td><td>21.80</td><td>3.18</td><td>S</td></tr>
<tr><td>Geometria da planta (P)</td><td>2</td><td>0.05</td><td>0.02</td><td>3.11</td><td>3.18</td><td>NS</td></tr>
<tr><td>Int. (V x D)</td><td>4</td><td>0.04</td><td>0.01</td><td>1.48</td><td>2.55</td><td>NS</td></tr>
<tr><td>Int. (D x P)</td><td>4</td><td>0.00</td><td>0.00</td><td>0.04</td><td>2.55</td><td>NS</td></tr>
<tr><td>Int. (V x P)</td><td>4</td><td>0.00</td><td>0.00</td><td>0.12</td><td>2.55</td><td>NS</td></tr>
<tr><td>Int.(V x Dx P)</td><td>8</td><td>0.00</td><td>0.00</td><td>0.02</td><td>2.12</td><td>NS</td></tr>
<tr><td>Erro</td><td>52</td><td>0.38</td><td>0.01</td><td>-</td><td>-</td><td>-</td></tr>
<tr><td>Total</td><td>80</td><td>1.25</td><td></td><td>-</td><td>-</td><td>-</td></tr>
</table>

ANOVA: XLVII						2019
Fonte	d. f.	S. S.	M. S. S.	F. Cal.	F. Tab. 5%	Resultado
Replicação	2	0.0047	0.0024	1.30	3.18	NS
Variedade (V)	2	0.5521	0.2760	152.47	3.18	S
NPK (D)	2	0.3606	0.1803	99.59	3.18	S
Geometria da planta (P)	2	0.0546	0.0273	15.08	3.18	S
Int. (V x D)	4	0.0291	0.0073	4.02	2.55	S
Int. (D x P)	4	0.0022	0.0005	0.30	2.55	NS
Int. (V x P)	4	0.0041	0.0010	0.57	2.55	NS
Int.(V x Dx P)	8	0.0025	0.0003	0.17	2.12	NS
Erro	52	0.0941	0.0018	-	-	-
Total	80	1.10		-	-	-

ANOVA:XL VIII						Agrupado
Fonte	d. f.	S. S.	M. S. S.	F. Cal.	F. Tab. 5%	Resultado
Replicação	2	0.015	0.007	1.98	3.18	NS
Variedade (V)	2	0.486	0.243	65.44	3.18	S
NPK (D)	2	0.339	0.169	45.66	3.18	S
Geometria da planta (P)	2	0.050	0.025	6.72	3.18	S
Int. (V x D)	4	0.034	0.008	2.26	2.55	NS
Int. (D x P)	4	0.001	0.000	0.10	2.55	NS
Int. (V x P)	4	0.003	0.001	0.21	2.55	NS
Int.(V x Dx P)	8	0.001	0.000	0.04	2.12	NS
Erro	52	0.193	0.004	-	-	-
Total	80	1.12		-	-	-

17. Volume do fruto (cc)

ANOVA: XLIX   **2018**

Fonte	d. f.	S. S.	M. S. S.	F. Cal.	F. Tab. 5%	Resultado
Replicação	2	2.03	1.02	1.54	3.18	NS
Variedade (V)	2	0.06	0.03	0.04	3.18	NS
NPK (D)	2	0.12	0.06	0.09	3.18	NS
Geometria da planta (P)	2	61.18	30.59	46.21	3.18	S
Int. (V x D)	4	0.03	0.01	0.01	2.55	NS
Int. (D x P)	4	0.02	0.00	0.01	2.55	NS
Int. (V x P)	4	0.01	0.00	0.00	2.55	NS
Int.(V x Dx P)	8	0.03	0.00	0.01	2.12	NS
Erro	52	34.42	0.66	-	-	-
Total	80	97.91		-	-	-

ANOVA: L   **2019**

Fonte	d. f.	S. S.	M. S. S.	F. Cal.	F. Tab. 5%	Resultado
Replicação	2	2.88	1.44	2.08	3.18	NS
Variedade (V)	2	0.07	0.04	0.05	3.18	NS
NPK (D)	2	0.11	0.05	0.08	3.18	NS
Geometria da planta (P)	2	61.32	30.66	44.22	3.18	S
Int. (V x D)	4	0.04	0.01	0.01	2.55	NS
Int. (D x P)	4	0.03	0.01	0.01	2.55	NS
Int. (V x P)	4	0.02	0.01	0.01	2.55	NS
Int.(V x Dx P)	8	0.05	0.01	0.01	2.12	NS
Erro	52	36.05	0.69	-	-	-
Total	80	100.58		-	-	-

ANOVA: LI   **Agrupado**

Fonte	d. f.	S. S.	M. S. S.	F. Cal.	F. Tab. 5%	Resultado
Replicação	2	2.44	1.22	1.94	3.18	NS
Variedade (V)	2	0.06	0.03	0.05	3.18	NS
NPK (D)	2	0.11	0.06	0.09	3.18	NS
Geometria da planta (P)	2	61.25	30.62	48.61	3.18	S
Int. (V x D)	4	0.03	0.01	0.01	2.55	NS
Int. (D x P)	4	0.03	0.01	0.01	2.55	NS
Int. (V x P)	4	0.02	0.00	0.01	2.55	NS
Int.(V x Dx P)	8	0.04	0.01	0.01	2.12	NS
Erro	52	32.76	0.63	-	-	-
Total	80	96.74		-	-	-

18. Gravidade específica dos frutos (g cm-3)

ANOVA: LII   **2018**

Fonte	d. f.	S. S.	M. S. S.	F. Cal.	F. Tab. 5%	Resultado
Replicação	2	0.00	0.00	2.08	3.18	NS
Variedade (V)	2	0.00	0.00	0.17	3.18	NS
NPK (D)	2	0.01	0.01	36.97	3.18	S
Geometria da planta (P)	2	0.01	0.00	33.21	3.18	S
Int. (V x D)	4	0.00	0.00	0.01	2.55	NS
Int. (D x P)	4	0.00	0.00	2.17	2.55	NS
Int. (V x P)	4	0.00	0.00	0.01	2.55	NS
Int.(V x Dx P)	8	0.00	0.00	0.02	2.12	NS
Erro	52	0.01	0.00	-	-	-
Total	80	0.03		-	-	-

<table>
<tr><td>ANOVA: LIII</td><td colspan="6" align="right">Agrupado</td></tr>
<tr><td>Fonte</td><td>d. f.</td><td>S. S.</td><td>M. S. S.</td><td>F. Cal.</td><td>F. Tab. 5%</td><td>Resultado</td></tr>
<tr><td>Replicação</td><td>2</td><td>0.00</td><td>0.00</td><td>1.99</td><td>3.18</td><td>NS</td></tr>
<tr><td>Variedade (V)</td><td>2</td><td>0.00</td><td>0.00</td><td>0.28</td><td>3.18</td><td>NS</td></tr>
<tr><td>NPK (D)</td><td>2</td><td>0.01</td><td>0.01</td><td>49.02</td><td>3.18</td><td>S</td></tr>
<tr><td>Geometria da planta (P)</td><td>2</td><td>0.01</td><td>0.00</td><td>46.02</td><td>3.18</td><td>S</td></tr>
<tr><td>Int. (V x D)</td><td>4</td><td>0.00</td><td>0.00</td><td>0.03</td><td>2.55</td><td>NS</td></tr>
<tr><td>Int. (D x P)</td><td>4</td><td>0.00</td><td>0.00</td><td>2.86</td><td>2.55</td><td>S</td></tr>
<tr><td>Int. (V x P)</td><td>4</td><td>0.00</td><td>0.00</td><td>0.01</td><td>2.55</td><td>NS</td></tr>
<tr><td>Int.(V x Dx P)</td><td>8</td><td>0.00</td><td>0.00</td><td>0.04</td><td>2.12</td><td>NS</td></tr>
<tr><td>Erro</td><td>52</td><td>0.01</td><td>0.00</td><td>-</td><td>-</td><td>-</td></tr>
<tr><td>Total</td><td>80</td><td>0.03</td><td></td><td>-</td><td>-</td><td>-</td></tr>
</table>

<table>
<tr><td>ANOVA: LIV</td><td colspan="6" align="right">Agrupado</td></tr>
<tr><td>Fonte</td><td>d. f.</td><td>S. S.</td><td>M. S. S.</td><td>F. Cal.</td><td>F. Tab. 5%</td><td>Resultado</td></tr>
<tr><td>Replicação</td><td>2</td><td>0.00</td><td>0.00</td><td>1.99</td><td>3.18</td><td>NS</td></tr>
<tr><td>Variedade (V)</td><td>2</td><td>0.00</td><td>0.00</td><td>0.28</td><td>3.18</td><td>NS</td></tr>
<tr><td>NPK (D)</td><td>2</td><td>0.01</td><td>0.01</td><td>49.02</td><td>3.18</td><td>S</td></tr>
<tr><td>Geometria da planta (P)</td><td>2</td><td>0.01</td><td>0.00</td><td>46.02</td><td>3.18</td><td>S</td></tr>
<tr><td>Int. (V x D)</td><td>4</td><td>0.00</td><td>0.00</td><td>0.03</td><td>2.55</td><td>NS</td></tr>
<tr><td>Int. (D x P)</td><td>4</td><td>0.00</td><td>0.00</td><td>2.86</td><td>2.55</td><td>S</td></tr>
<tr><td>Int. (V x P)</td><td>4</td><td>0.00</td><td>0.00</td><td>0.01</td><td>2.55</td><td>NS</td></tr>
<tr><td>Int.(V x Dx P)</td><td>8</td><td>0.00</td><td>0.00</td><td>0.04</td><td>2.12</td><td>NS</td></tr>
<tr><td>Erro</td><td>52</td><td>0.01</td><td>0.00</td><td>-</td><td>-</td><td>-</td></tr>
<tr><td>Total</td><td>80</td><td>0.03</td><td></td><td>-</td><td>-</td><td>-</td></tr>
</table>

19. Azoto total na folha (%)

ANOVA: LV **2018**

Fonte	d. f.	S. S.	M. S. S.	F. Cal.	F. Tab. 5%	Resultado
Replicação	2	0.002	0.001	1.21	3.18	**NS**
Variedade (V)	2	0.049	0.024	25.68	3.18	**S**
NPK (D)	2	1.477	0.738	777.02	3.18	**S**
Geometria da planta (P)	2	0.402	0.201	211.61	3.18	**S**
Int. (V x D)	4	0.016	0.004	4.24	2.55	**S**
Int. (D x P)	4	0.067	0.017	17.66	2.55	**S**
Int. (V x P)	4	0.002	0.001	0.58	2.55	**NS**
Int.(V x Dx P)	8	0.020	0.003	2.64	2.12	**S**
Erro	52	0.049	0.001	-	-	-
Total	80	2.09		-	-	-

ANOVA: LVI **2019**

Fonte	d. f.	S. S.	M. S. S.	F. Cal.	F. Tab. 5%	Resultado
Replicação	2	0.0001	0.0000	2.08	3.18	**NS**
Variedade (V)	2	0.0803	0.0401	3335.08	3.18	**S**
NPK (D)	2	1.4975	0.7487	62203.38	3.18	**S**
Geometria da planta (P)	2	0.3908	0.1954	16231.38	3.18	**S**
Int. (V x D)	4	0.0188	0.0047	390.00	2.55	**S**
Int. (D x P)	4	0.0795	0.0199	1651.38	2.55	**S**
Int. (V x P)	4	0.0081	0.0020	168.46	2.55	**S**
Int.(V x Dx P)	8	0.0128	0.0016	133.15	2.12	**S**

Fonte	d.f.	S. S.	M. S. S.	F. Cal.	F. Tab. 5%	Resultado
Erro	52	0.0006	0.00001	-	-	-
Total	80	2.09		-	-	-

ANOVA: LVII (Agrupado)

Fonte	d.f.	S. S.	M. S. S.	F. Cal.	F. Tab. 5%	Resultado
Replicação	2	0.0008	0.0004	1.34	3.18	NS
Variedade (V)	2	0.0635	0.0318	112.92	3.18	S
NPK (D)	2	1.4869	0.7435	2642.60	3.18	S
Geometria da planta (P)	2	0.3960	0.1980	703.74	3.18	S
Int. (V x D)	4	0.0160	0.0040	14.21	2.55	S
Int. (D x P)	4	0.0726	0.0182	64.52	2.55	S
Int. (V x P)	4	0.0046	0.0011	4.07	2.55	S
Int.(V x Dx P)	8	0.0155	0.0019	6.90	2.12	S
Erro	52	0.0146	0.0003	-	-	-
Total	80	2.07		-	-	-

20. Fósforo total na folha (%)

ANOVA: LVIII (2018)

Fonte	d.f.	S. S.	M. S. S.	F. Cal.	F. Tab. 5%	Resultado
Replicação	2	0.0001	0.0000	2.08	3.18	NS
Variedade (V)	2	0.0074	0.0037	160.33	3.18	S
NPK (D)	2	0.0401	0.0200	868.11	3.18	S
Geometria da planta (P)	2	0.0081	0.0040	174.78	3.18	S
Int. (V x D)	4	0.0007	0.0002	7.94	2.55	S
Int. (D x P)	4	0.0005	0.0001	5.06	2.55	S
Int. (V x P)	4	0.0003	0.0001	3.61	2.55	S
Int.(V x Dx P)	8	0.0005	0.0001	2.89	2.12	S
Erro	52	0.0012	0.0000	-	-	-
Total	80	0.06		-	-	-

ANOVA: LIX						2019
Fonte	d. f.	S. S.	M. S. S.	F. Cal.	F. Tab. 5%	Resultado
Replicação	2	0.00008	0.00004	1.88	3.18	**NS**
Variedade (V)	2	0.01056	0.00528	261.84	3.18	S
NPK (D)	2	0.04536	0.02268	1125.07	3.18	S
Geometria da planta (P)	2	0.00962	0.00481	238.69	3.18	S
Int. (V x D)	4	0.00071	0.00018	8.82	2.55	S
Int. (D x P)	4	0.00044	0.00011	5.51	2.55	S
Int. (V x P)	4	0.00024	0.00006	3.03	2.55	S
Int.(V x Dx P)	8	0.00049	0.00006	3.03	2.12	S
Erro	52	0.00105	0.00002	-	-	-
Total	80	0.07		-	-	-

ANOVA: LX						**Agrupado**
Fonte	d. f.	S. S.	M. S. S.	F. Cal.	F. Tab. 5%	Resultado
Replicação	2	0.0001	0.0000	2.03	3.18	**NS**
Variedade (V)	2	0.0089	0.0045	211.38	3.18	S
NPK (D)	2	0.0423	0.0212	1004.97	3.18	S
Geometria da planta (P)	2	0.0088	0.0044	209.41	3.18	S
Int. (V x D)	4	0.0003	0.0001	3.69	2.55	S
Int. (D x P)	4	0.0003	0.0001	3.49	2.55	S
Int. (V x P)	4	0.0003	0.0001	3.30	2.55	S
Int.(V x Dx P)	8	0.0004	0.0000	2.11	2.12	**NS**
Erro	52	0.0011	0.0000	-	-	-
Total	80	0.06		-	-	-

21. Potássio total na folha (%)

<table>
<tr><td>ANOVA:
LXI</td><td colspan="6" align="right">2018</td></tr>
<tr><td>Fonte</td><td>d. f.</td><td>S. S.</td><td>M. S. S.</td><td>F. Cal.</td><td>F. Tab. 5%</td><td>Resulta do</td></tr>
<tr><td>Replicação</td><td>2</td><td>0.00090</td><td>0.00045</td><td>2.08</td><td>3.18</td><td>NS</td></tr>
<tr><td>Variedade (V)</td><td>2</td><td>0.00896</td><td>0.00448</td><td>20.78</td><td>3.18</td><td>S</td></tr>
<tr><td>NPK (D)</td><td>2</td><td>0.06442</td><td>0.03221</td><td>149.50</td><td>3.18</td><td>S</td></tr>
<tr><td>Geometria da planta (P)</td><td>2</td><td>0.04309</td><td>0.02154</td><td>99.99</td><td>3.18</td><td>S</td></tr>
<tr><td>Int. (V x D)</td><td>4</td><td>0.00038</td><td>0.00009</td><td>0.44</td><td>2.55</td><td>NS</td></tr>
<tr><td>Int. (D x P)</td><td>4</td><td>0.00244</td><td>0.00061</td><td>2.84</td><td>2.55</td><td>S</td></tr>
<tr><td>Int. (V x P)</td><td>4</td><td>0.00031</td><td>0.00008</td><td>0.36</td><td>2.55</td><td>NS</td></tr>
<tr><td>Int.(V x Dx P)</td><td>8</td><td>0.00116</td><td>0.00014</td><td>0.67</td><td>2.12</td><td>NS</td></tr>
<tr><td>Erro</td><td>52</td><td>0.01120</td><td>0.00022</td><td>-</td><td>-</td><td>-</td></tr>
<tr><td>Total</td><td>80</td><td>0.13</td><td></td><td>-</td><td>-</td><td>-</td></tr>
</table>

<table>
<tr><td>ANOVA:
LXII</td><td colspan="6" align="right">2019</td></tr>
<tr><td>Fonte</td><td>d. f.</td><td>S. S.</td><td>M. S. S.</td><td>F. Cal.</td><td>F. Tab. 5%</td><td>Resulta do</td></tr>
<tr><td>Replicação</td><td>2</td><td>0.0006</td><td>0.0003</td><td>1.97</td><td>3.18</td><td>NS</td></tr>
<tr><td>Variedade (V)</td><td>2</td><td>0.0173</td><td>0.0086</td><td>56.83</td><td>3.18</td><td>S</td></tr>
<tr><td>NPK (D)</td><td>2</td><td>0.0794</td><td>0.0397</td><td>261.32</td><td>3.18</td><td>S</td></tr>
<tr><td>Geometria da planta (P)</td><td>2</td><td>0.0385</td><td>0.0192</td><td>126.60</td><td>3.18</td><td>S</td></tr>
<tr><td>Int. (V x D)</td><td>4</td><td>0.0009</td><td>0.0002</td><td>1.54</td><td>2.55</td><td>NS</td></tr>
<tr><td>Int. (D x P)</td><td>4</td><td>0.0017</td><td>0.0004</td><td>2.85</td><td>2.55</td><td>S</td></tr>
<tr><td>Int. (V x P)</td><td>4</td><td>0.0011</td><td>0.0003</td><td>1.76</td><td>2.55</td><td>NS</td></tr>
<tr><td>Int.(V x Dx P)</td><td>8</td><td>0.0023</td><td>0.0003</td><td>1.92</td><td>2.12</td><td>NS</td></tr>
<tr><td>Erro</td><td>52</td><td>0.0079</td><td>0.0002</td><td>-</td><td>-</td><td>-</td></tr>
<tr><td>Total</td><td>80</td><td>0.15</td><td></td><td>-</td><td>-</td><td>-</td></tr>
</table>

ANOVA: LXIII						Agrupado
Fonte	d. f.	S. S.	M. S. S.	F. Cal.	F. Tab. 5%	Resultado
Replicação	2	0.0007	0.0004	2.06	3.18	NS
Variedade (V)	2	0.0126	0.0063	35.02	3.18	S
NPK (D)	2	0.0717	0.0358	199.11	3.18	S
Geometria da planta (P)	2	0.0406	0.0203	112.85	3.18	S
Int. (V x D)	4	0.0002	0.0001	0.34	2.55	NS
Int. (D x P)	4	0.0017	0.0004	2.33	2.55	NS
Int. (V x P)	4	0.0006	0.0001	0.83	2.55	NS
Int.(V x Dx P)	8	0.0010	0.0001	0.66	2.12	NS
Erro	52	0.0094	0.0002	-	-	-
Total	80	0.14		-	-	-

VISTA DA EXPERIÊNCIA EM ESTUFA

<table>
<tr><td>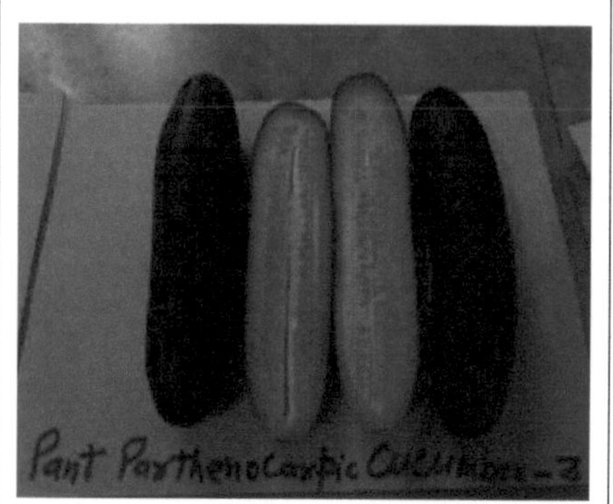</td><td>T$_{18}$ Melhor combinação de tratamento (Pant parthenocarpic-3+30:20:32 kg + 60 X 50 cm)</td></tr>
<tr><td>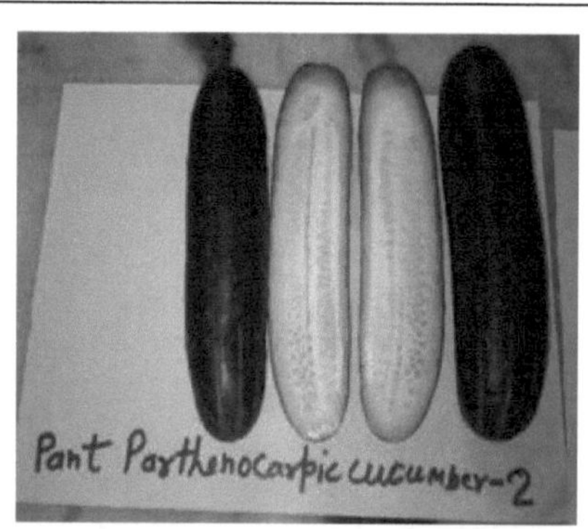</td><td>Tratamento , T$_1$ (Pant partenocárpico - 2+20:10:22 kg + 60 X 30 cm)</td></tr>
<tr><td></td><td>Segundo melhor tratamento, T$_{17}$ combinação (Hilton +30:20:32 kg + 60 X 40 cm)</td></tr>
</table>

I want morebooks!

Buy your books fast and straightforward online - at one of world's fastest growing online book stores! Environmentally sound due to Print-on-Demand technologies.

Buy your books online at
www.morebooks.shop

Compre os seus livros mais rápido e diretamente na internet, em uma das livrarias on-line com o maior crescimento no mundo! Produção que protege o meio ambiente através das tecnologias de impressão sob demanda.

Compre os seus livros on-line em
www.morebooks.shop

Printed by Books on Demand GmbH, Norderstedt / Germany